朵拉談吃

朵拉．著

目次

吃在大馬

吃在台灣

吃在中國

吃在西方

吃出哲理

吃出情意

吃在大馬

豬腸粉情意結

特別介紹本地和外國的親戚朋友們吃檳城豬腸粉。他們嚐過以後，臉色怪異地問：「這麼臭的東西，你還說好吃？」做出很不明白的表情：「昨天你帶我們去酒樓吃的香港豬腸粉，味道很好呀！」

我不能不承認香港豬腸粉的味道比較大眾化。不過，檳城豬腸粉卻是檳城人的心頭特愛小食。

其實沒有資格算是本土意識特別強的人，但是對於豬腸粉，卻非常堅持檳城口味。那是別的地方沒有的。白色的豬腸粉，淋上自製醬料，再加芝麻、蔥油，最重要的是非要加上檳城特有的蝦膏不可。

覺得向來很了解媽媽的魚簡無法理解：「為什麼像蝦膏那麼奇怪味道的醬料你也吃得下呢？」

她口中的美味豬腸粉是在香港、澳洲和英國的中餐館吃到的「炸兩捲」，「用豬腸粉捲上油炸鬼，一層白一層金黃，一層軟的一層脆的，口感極佳。」

老實說，當初住在檳城的時候，從來沒有吃過檳城豬腸粉，只覺得好臭，不敢，因此不曾嚐過，因為已經在心裡預設立場：肯定很難吃。

鍾情於豬腸粉是這兩年來的事。自己有點懷疑，那一盤美味的豬腸粉很可能是一份家鄉的情意結攪拌出來的。

豬什湯和婚姻

威省大山腳有一種小食叫豬什湯，配芋頭飯一起吃。大馬十三州都走過，好像沒有哪裡還有這豬什湯的。

豬什湯裡，幾乎所有豬的內臟都在裡邊浮沉，應該叫豬的十全湯才是，另外還加上酸菜。

人到大山腳，他非喚來一碗不可。

坐在他對面的人是連瘦豬肉都沒興趣的。住在夕眺灣十多年，沒買過一次豬腳，一天媽媽來了，陪同去巴剎，那豬肉販聽到豬腳一個，驚奇的眼神看我。

而他卻說沒豬肉吃，日子過得還有什麼意思呢？

豬什湯對他，是天下第一美味。

雖然坐他對面的人沒有過分的遠而避之，但看那雙筷子從未動過那碗湯，他當然明白，但他更高興，因為可以整碗都是他的。

一個人的食物乃另一個人的毒品。

朋友詫異，這麼不一樣，你們平常日子怎麼過的？

意思是兩個完全迥異的品味和胃口住在一個屋簷下，大約會有困難。

其實我也不太清楚，是不是非得穿同一件衣，才是婚姻？

豬油渣米粉麵

物質缺乏的年代，在台灣吃過陽春麵，「陽春白雪」即是什麼料都沒有，單單清湯掛麵、也就是廣東人所謂的「淨麵」。袋子有點錢的人，叫個滷蛋，或是切盤滷豬耳朵來下麵，就已經是非常豐富的一餐。

現代人聽到，一盤沒有加料的淨麵，馬上生出兩個疑問：一，純麵，吃得下嗎？二，吃下去以後，得到的營養僅是純澱粉，在減肥和瘦身領導潮流的今天，誰還願意（或說勇敢）選擇陽春麵呢？

在檳城，路頭巷尾都有清炒米粉麵的小攤，也是陽春式的，不過，卻加上小販自製的辣椒、炸香的細條甜豆枝和也是炸過的金黃蔥頭，聽起來似乎沒什麼味道，無肉無菜，無魚無蝦，可是，不要說是小時候沒東西吃，故爾吃起來可口，今天再喚來一盤，味道一樣好吃。

有人說是因為用豬油炒出來的原故。

這很可能，有幾攤清炒米粉麵，味道好到吮手指，後來仔細一品味，用心的小販在清炒米粉麵上邊，澆了一湯匙的豬油渣。

豬油渣？怎麼可以吃呢？現代孩子保健意識高，呱呱叫。危險，對心臟不好。

不多解釋，叫一盤給她嚐嚐。

後來再建議要去吃炒米粉麵，孩子指定有加豬油渣的那攤才要。

擺美之油

有一回在吉隆坡，一個同是來自檳城的朋友帶我去吃咖哩雞，一看：「咖哩雞的樣貌很面熟呢。」

果然那個廚師亦來自檳城。

檳城咖哩雞先別說味道，單是看色相，已經令人食指大動。拿過來的一碗咖哩雞，在雞肉和馬鈴薯的上面鋪著一層黃紅色的油。

外州人可能不知內情：「那油可以吃的嗎？」檳城人拿來下飯，澆在飯上不只是添加了美色，還極開胃，怕是要再加一碗飯的。

許多朋友笑說，檳城的姑娘堪比唐朝女子。

這句子是褒是貶，各人自己去體會。眾所周知，唐朝美女楊貴妃是以體胖為美麗之最。

檳城人的飲食有娘惹習慣[1]，幾乎每餐無咖哩不歡。看起來，咖哩雞之油，也許便是罪魁禍首。

本來咖哩就要多油，才算是色香味俱全。可惜因為趙飛燕時代的來臨，搞到檳城女子吃咖哩，也要先把上邊一層美麗的油撈掉。

在「減肥得長壽」和「享瘦即享受」的口號召喚下，吃咖哩雞之前，必須先三思：「這油要是進了肚子，得花多少錢才能夠去掉？」

吃下去很容易，要去除脂肪才是上蜀道。

不知道從什麼時候開始，每餐對著飯桌上的菜，未開動前，都得先做數學。這塊肉、這匙油、這片魚，加起來究竟多少CALORIES？思前想後的結果是：不敢再用咖哩油來燴飯入口，看完就撈走，咖哩雞之油，變成是擺著看美的。

---

[1] 娘惹食物為中國人和當地土人食物混合後調出來的味道，加許多香料，大多帶辣。

咖哩麵的年齡

咖哩麵的美麗在於它的顏色，一層紅紅的油，浸在裡邊的，有：黃色的麵、褐色豆腐卜、青綠色菜豆、黑色豬血、數隻鮮紅色鮮蛤。後來消費指數和生活水準提高，人們認為這樣普通的配料不夠美味，再加上魷魚、肉片和大蝦，當然，那要另外付費。

可是，也有人叫咖哩麵，特別交代那小販：不要豬血，不要蛤。

有個到處吃咖哩麵的人——到處的意思是無論人去到哪兒，只要有咖哩麵售賣，他一定喚咖哩麵——他聽到以後，加評語：沒有豬血，沒有蛤，還算是咖哩麵嗎？他認為在所有的小食當中，其他麵或米粉都沒有加豬血和蛤的，唯有咖哩麵，因此這就是咖哩麵的特色。故爾堅持，要吃咖哩麵，這兩種配料就不能缺少。

今天市場少見豬血和鮮蛤，許多年輕人也不敢吃，而他卻說：「如果不是因為豬血和鮮蛤，我就不吃咖哩麵了。」

他不在意人家從咖哩麵看見他的年齡。

女人是格外重視年齡外洩的一個性別，因此是堅決不吃咖哩麵的。

阿參蝦米

檳城人嗜辣是著名的。和檳城人吃飯，他們可以一碗白米飯配椰漿咖哩雞，又加海鮮酸咖哩，然後，你先別瞪眼，兩種咖哩混在一塊吃，他們還嫌不夠辣，說是如果有的話，再加一匙阿參蝦米恰恰好。

天呀！

你不必叫老天，因為加了三種不同辣的味道之後，他們居然用手拿起一條整條沒切的青色小辣椒，和著這些咖哩雞、海鮮和阿參蝦米一道放在口裡咀嚼，才來一口白米飯。

那些一整盤完全淋得紅紅黃黃的辣椒油的飯，對檳城人來說，才叫好吃的開胃飯。

餐桌上缺少一盤辣的食物，他們根本不能想像，「這樣如何吃得下呢？」他們會皺眉給你看。

或者你說不如今天不吃飯吧，吃些別的。

當然可以呀。

炒米粉、海鮮煮麵、魚煮麵線、乾炒河粉或者是芥菜芋頭鹹飯，都沒問題。

問題在於，吃這些粉麵類的餐點時，必需有一道配菜，非常簡單易做的。準備的材料需要：辣椒乾、新鮮紅辣椒、小蔥頭、蒜頭、黃薑、馬來煎，全部用手磨碎或手舂，千萬不要用電攪拌機磨，味道完全不同。然後加少許鹽和比鹽多點分量的糖。

蝦米洗淨，手舂半碎，記得不要完全碎，用油爆香。

阿參加水，濾掉，取阿參水。

用油炒香手舂後混在一起的所有調味料，加入油爆過的蝦米，最後倒進阿參水。

這樣煮出來的，可以吃兩三餐，因此多做一些也無妨。

另一種是趁新鮮吃的，量不可太多。所有的配料完全一樣，也一定要用手舂，只是沒有下油鍋炒，把阿參水換成酸柑汁或是桔子汁。

對其他人來說，這一道阿參蝦米，等如綠葉。

明亮的牡丹，需要綠葉的陪襯，才看到花的脫俗豔麗。

在檳城人的眼睛裡，卻是阿參蝦米才是餐桌上的主角，也即是花中的牡丹。

不老的龍舌

開始的時候我叫它扁扁魚，因為它的形狀就是扁扁的。

從這一點看得出來，我是一個沒有求知精神的人。

一直到有一次到了廣東肇慶，由於是官方宴客，餐桌上的菜非常「山珍海味」。那是坐在我旁邊的當地官員告訴我：「你們是貴客，因此把這裡最好的山珍海味都拿出來招待貴賓了。」

居然有一盤是清蒸的扁扁魚。

非常熱情的主人，一直要我吃那盤清蒸魚，「這魚很名貴的。」

我用筷子挾來挾去，不知從何下手，只好點一下盤，把筷子放在嘴裡，稱讚唔唔很好吃。那麼扁的魚，我的筷子技術又差勁，根本就挾不起它的肉。

後來他們告訴我那叫龍舌魚。

龍舌，請注意，聽好一點。是龍的舌頭哪！

結果回來以後，我才發現這裡的巴剎常有這海味。

油炸最好吃，味香而鮮甜，肉少但很滑。

不要說名字不重要，當它叫扁扁魚的時候，我從來不買，一知道是龍的舌頭，格外留意，小心品嚐，才曉得它的可口。

上個月在中國北方，山東的威海，也吃到油煎的龍舌，回憶起在南方廣州的肇慶吃龍舌的那年，細細一數，竟然已是十多年前的舊事，不論南北，龍舌魚仍然那樣瘦長扁平，而人，卻已經讓歲月增添了風霜。

江魚仔的堅持

如果沒有吃過邦咯江魚仔的人，肯定不會瞭解為何我特別強調邦咯江魚仔。至於廣告名詞，不必多寫，以免有人誤會我去購買邦咯江魚仔時，販商給我打折扣。

有些廣告需要拿錢，才願意替他做，有的則是心甘情願下自動獻身。關於邦咯江魚仔的廣告，我是屬於後者。

從前沒有比較過不知道。來到邦咯就在對岸離島的濱海城市旅居，開始品嚐到邦咯江魚仔的味道，一改往日不吃江魚仔的習慣。它有一種別的地方的江魚仔沒有的鮮味。

尤其愛在吃椰漿飯的時候，加入江魚仔咖哩。

聽過有人特愛乾炒的江魚仔。口味是非常個人的，和愛情一樣，你愛的便是最好的，不能說哪一種更好吃更美味。

只不過，我的選擇是酸咖哩江魚仔。

先把江魚仔洗淨，濾乾，然後炒香，建議先炒過一次後，放涼，再炒至金黃色為止。這樣加工兩次炒出來的江魚仔，保證香脆可口。

至於咖哩調味料，我要煮的話非常方便，就是回檳城老家去和媽媽拿一罐已經處理好的咖哩醬料。據說，媽媽是以辣椒乾、蔥頭、蒜頭、香茅、黃薑、馬拉煎等等香料樁好磨碎混合後，再炒熟。煮的時候加入糖、鹽、阿參汁，等到要吃的時候，再加入剛切好的大蔥，也有中意酸味的人，多加一粒酸柑汁，然後，把炒過兩遍的脆脆邦咯江魚仔倒進酸咖哩裡。

一回早餐，正好有昨晚吃剩的江魚仔咖哩，就用麵包一捲，哇，從此早餐桌上有新菜色。

邦咯江魚仔麵包，不必到邦咯島去買，那邊好像也沒有，自己親手製作便可，只不過要記得，江魚仔定要來自邦咯島。

海參的原味

《鏡花緣》裡有一個孝女廉錦楓，為了奉養生病的母親，到海裡去找海參。要是她最近到大馬波德申來，海灘上多著，信手拈來即有，不必親自「下海」。

根據手頭上的資料，海參其實不能治病，但有甚多膠體，多吃對身體的關節處稍有補益。

這是個資訊發達的時代，吃飯或宴會時候，當侍者捧上海參，便聽同桌人說，快吃，這個好，不怕膽固醇，沒有脂肪，吃多亦無妨。

舉筷的人爭先恐後，忘記去注意和它同燒的是什麼，仔細一看，有時是豬腳，也有時是排骨，還有時是雞鴨。當它是「個體戶」的時候，意思是單只吃白煮海參的話，沒脂肪和膽固醇可能沒錯，但加了「好料」燒煮以後，它已經變質了。

事實上海參沒有什麼味道；有時候倒是有，卻是餐館在處理過程做得不好留下的一股不乾淨的臭味。多數時候，許多餐館的海參做得並不入味，入口時味道一如雞肋，更害怕的是吃到一嘴的蠔油味。

由於海參本身不夠鮮甜，因此若無高湯以及其他鮮美食品如蝦、雞、鴨、火腿、豬肉等配料的話，是一點也不好吃的。

海鮮煲裡的海參，只因它旁邊那些香鮮的海鮮如鮑魚、蝦、魷魚、魚丸等等，吃著總以為海參真可口，其實嚐到的完全不是它自己的味道。

檳城有家潮洲菜館吳發成，是老字號，門面裝修普通，但還乾淨。照菜館的裝修，它的收費不能算便宜，但它最著名的一道海參燜肉碎，迷倒許多老檳城，老饕上門來，無此不歡，且不嫌貴。

要把淡而無味處理得美味，不是很難；處理過後，美味之中，仍可吃到海參的原來味道，難度正藏在這裡。

做人也應該做到這樣。

後悔的泰國菜

北馬一帶，如玻璃市、吉打和檳城，一般飯館的廚師都會煮幾道泰國菜，不然生意肯定沒得做。

在菜餚裡加入泰國式的香料，對北馬人來說，是百吃不厭的。

泰式香料包括紅青兩種小辣椒、蒜米、香茅、斑蘭香葉、魚露、檸檬、蝦醬、太古柑葉、酸柑、九層塔、椰糖、生薑、蕪荽、南薑、大小蔥頭等。這些香料的味道非常可口的其中一個原因是廚師烹飪手法高明，另一個主要因素是：它們都是天然產品。

北馬人的三餐桌上，其中有一道菜一定具有泰國風味。

比如把沙葛、黃瓜、長豆、加上黃梨，切小塊，然後加入洗淨的蝦米或是烤香的江魚仔，喜歡吃花生的人，也可炒香後混在一起，（亦有人用腰豆）然後，灑一點糖、鹽，再把酸柑汁和切細的大小蔥頭及小辣椒一起攪和，捧上桌的時候，再加一把切碎的九層塔，通常有這樣一小盤的泰式沙拉，可以多吃一碗飯。不過不必擔心，一般泰國餐館，白米飯是不算錢的，任你吃到飽。

喜歡芒果青的人，則不要沙葛、黃瓜、長豆和黃梨，就用切絲的芒果青，加入上述其他配料，就算不吃飯，白吃沙拉，嚐著芒果青的青青香味，酥酥的江魚仔，香脆的花生，那股既酸又甜的味道，和初戀的滋味非常相似。

泰國著名的菜式有冬炎湯、青咖哩、黃咖哩、酸咖哩、炒乾咖哩等等。味道以酸辣為主。每次到北馬吃飯，都喜歡在點菜時喚一兩道泰式菜，吃的時候，被甘香甜酸辛辣刺激得總是要多吃一碗白飯。尤其是泰式螃蟹、冬炎蝦、海鮮咖哩或泰式蒸魚等，非要放下匙叉，只用手指吃，才吃得爽快，不過，飯後往往後悔。

因為嘴唇被辣得腫起來，本來就厚的唇，為了泰國菜，竟變成張愛玲筆下那位，切切一大盤的厚唇女士。

後悔過了以後，下次再回北馬，仍然不會放過永遠令人留戀的泰國菜。

蚵仔煎

原來蚵仔煎有那麼多不同的樣式。檳城的特點是油多、蛋香、另加香菜（有的放芹菜和蔥），重要的是在下鍋前，加進些許大薯粉撈勻，大油大火煎之（最好吃的是用火炭，添了炭香味）。恰到好處的黃金色焦味，這樣吃起來ＱＱ的，有地道的檳城蚵仔煎的香氣在氤氳。

到台灣士林吃小吃的時候，看見蚵仔煎，充滿親切感。喚了來，原來還淋上一種粉紅色的醬料，不習慣，覺得ＱＱ消失了，台灣朋友卻說它是全台灣最好吃的蚵仔煎。

在中國南方的福建，因多地方產蚵，蚵仔煎也很著名。廈門、泉州、仙遊、莆田、福州等地，都可吃到，不過是一地有一地自我的風采，各有各的可口。家鄉味在懷念家鄉的遊子嘴裡，卻咀嚼出天下的最美味。有的是純煎蛋，脆脆的；有的是加些粉，煎起來有點厚度，口感不一樣；有的是只煎一邊，在另一邊沒煎的蛋上灑下蚵隻，半熟，說是這樣才吃得出蚵的鮮味。

不久前在巴生，明彪蘭英夫婦請客，蚵仔煎的味道令我想起檳城，很是相似。聽說那間名叫「小條」的餐廳是吉隆坡許多名人和高官顯要喜歡光臨的，門口常有保鑣在等名人和官員吃海鮮。姑且認為是蚵仔煎的魅力吧。

不論烹煮法如何，其實都很可口，因為蚵仔本身就是很好吃的海鮮呀！

驕傲的福建麵

到檳城，你叫蝦麵，他們會用奇怪的眼神看你。外州人所謂的蝦麵，檳城人叫它福建麵。

到底是福建人做的麵，還是福建人吃的麵？無須考究，吃就是了。

我在福建廈門，也吃到當地的蝦麵。味道？當然不一樣。至於好吃程度？習慣的味道就是最好吃的味道，不然也不會有媽媽的菜最好吃這句話了。

有位當老師的朋友，住在夕眺灣，他去檳城回來後，說了一句讓檳城人得意的話：「真是奇怪極了，為什麼檳城的每一攤蝦麵都那麼好吃。」

像這樣的稱讚，既悅耳又動聽，檳城太歡迎像他這樣的遊客。

而他還是以行動來表現，到檳城住兩天，兩天裡他一共吃了八餐，再加回來的那個早上是九餐，其間他吃了八次蝦麵：「隨便一攤，不必選的，沒有一攤是不好吃的。」

另外一餐，是因為他的太太和孩子受不了，非要他去吃炒粿條。

另外一個朋友只去一天，三餐之外，他多吃兩次，一共吃五餐，因為：「太好吃了，我要連明天早餐的份也吃了才回來。」

檳城的福建麵魅力有那樣大？

一次聽位檳城人問外州朋友，你來檳城吃過福建麵了沒有？

外州朋友說：我們那邊也有。

檳城人說：你來檳城，沒有吃過福建麵，怎麼可以算是來過檳城呢？

檳城人把福建麵當成是檳城的驕傲。

白死的雞

因為禽流感，雞竟成了當紅炸子雞。一打開報紙和電視，可以見到亞洲各國的領袖，幾乎都在忙著吃雞。

住在大馬，以雞作菜適合所有的民族。不像牛或豬，請客的時候需要視情況而定，有時候上桌的菜，讓吃的人為難，那麼不如完全都是雞的好。

雞可以燙、煮、燒、燴、炸、蒸，種種烹飪法都好吃。白煮的，作海南雞飯；加了咖哩料，是下飯的開胃好菜；炸雞是每一個小孩的選擇；不然就用錫箔紙一包，裡邊加了人參和枸杞，又香又補氣，錫箔紙一打開，人人搶著要喝那一點點沒加一滴水完全真味道的雞湯。

報紙和電視的領袖面前對著的，永遠是一盤炸得黃金色的雞塊，那也不是不好吃，只是不太適合領袖們的年齡。

我告訴我的朋友說我最愛吃炸雞，沒有人相信，因為我從來不叫，也從來不吃。

有一天，當我明白我們的軀體是由我們吃的東西組成的以後，炸雞成了我謝絕的食物。

美國玄學大師華特斯說：「殺了一隻雞而沒有能力將之烹煮好，那隻雞是白死了。」

我認識一個朋友，他是巴生光華中學校友會的署理會長陳紋達先生，他的看法卻有一點出入。某日和他一起吃飯，他提起他的一位友人實在太喜歡吃雞了，所以無論那隻雞怎麼個煮法，他都會吃得一乾二淨。友人說：「為了人們想要吃，這隻雞已經犧牲了，要是沒把它吃光，那麼它不就等於是白死嗎？」

你能夠說這話沒道理嗎？

這還算是光餅嗎？

住在北馬時，聽都沒聽過光餅。

後來遷居夕眺灣，一天散步路過一餐室，看見門口一個大甕，好奇停下注目。瞧那年輕小販以長鐵夾從甕裡依序挾出一塊一塊的餅，為那不同的做法喝采，就上前買兩塊，順便提問。

這叫光餅。他說。

原來甕裡底下燒著火炭，在甕裡的兩邊，貼著小販在桌上揉出來的麵粉餅。烤好的餅嗅起來，有洋蔥香，感覺味道不錯。吃著，頗為可口。問小販為何叫光餅？他說不知道，於是得意洋洋告訴他。

從前讀的傳說故事裡，記載「光餅」是戚繼光帶兵出戰時帶的乾糧。由於燒烤得乾透，可耐久，不容易壞。

卻不知是否和小販一樣由同一道食譜做出來的？

後來在報紙上看到，小販把我的故事轉給記者了。

加了歷史故事的餅比較耐嚼，吃過的人肯定同意。

據老福州人告訴我，光餅的意思是裡邊什麼餡料都沒有，光是麵粉做成的一塊餅，故稱光餅。

後來漸知光餅有甜有鹹。甜的加糖，鹹的加鹽。愕然，現代居然還有這麼簡單樸實的餅，也許和福州人的品質相像吧。

去年在福州，在光餅的原產地吃光餅，發現他們做法和大馬的又有不同。光餅成了上桌的佳餚，和佛跳牆一起出現桌上，而且裡邊夾了一大塊鹹肉，像洋人的漢堡包。

但是，這，這還能叫「光餅」嗎？

老人粿條湯

年輕時候，出外用餐不曾叫過粿條湯。

這麼清淡的食物，通常是老人家吃的。

也沒有專情於哪一種小食，換來換去的叫，但總是在福建麵、拉沙、咖哩麵、印度炒麵（加辣的）、加辣的炒粿條中繞圈子。

粿條湯，什麼味道來的？

一碗白白的清湯，湯裡那清清的粿條，吃了等於沒有吃，哪夠刺激呀？

吃過以後，必須呼好辣、好酸、好香才願意叫它來。

後來才發現，不單單是因為讀過菜根譚後的思考，而是吃的東西多了，年歲有了，漸漸吃出真味道。

原來最好吃的東西，通常是味道不濃不烈。所謂的辣、酸、香，全是靠強烈味道遮去了食物本來的味道。而越是清、越是淡、越是真味，也就越考小販的真功夫。

它好不好吃就在那碗清湯，湯料落足，味道自然與眾不同。

待發現後，出外就時常叫粿條湯。

這一發現，竟已經是二十年後，頭髮和粿條一樣白了。然後再一個發現，粿條湯果然是老人吃的東西。

比較老鼠粉

從來沒有叫過老鼠粉來吃，不是因為多年前在金保曾經出現中毒事件。而是沒來由地不喜歡老鼠粉這個名字。要是自己出去吃東西，永遠不會選擇它。當然明白玫瑰叫什麼都是香的，但是那麼不好聽的名字，感覺上再怎麼可口都不會好吃。

畫家楊建正卻堅持，你去吃過就知道，味道一流的好。

華人的飲食文化歷史悠久，唐人街附近有太多著名的好吃東西，彷彿都已經通過時光的考驗，經過歲月淘汰以後，它們才留存在這裡到現在。

到吉隆坡要吃小食，不必四處探聽，往茨廠街走去就對了。

幾乎每一攤，都有自己的特色和味道。老店尤其人多。人多的飲食店，不必考慮，大多數的人都不是傻瓜。

「這攤最好吃嗎？」老鼠粉未到之前，仍有懷疑。

「要曉得哪一攤最好，比較一下便清楚。」楊建正說：「你到這裡，那裡都嗅老鼠粉，吃過幾攤，答案就浮上來了。」

畫家說話的涵意我明白。

平常看畫，你把兩個畫家的畫分開看，便不甚清楚誰好誰壞，但是兩張畫放在一起，比較一下，高下就分明了。

擂茶飯

大家相約去吃擂茶。到了餐廳，喚來，上桌，開始吃起來。用過餐後，紛紛道別要走，陳美楓問：「不是說要吃擂茶嗎？」愕：「是呀，你沒吃飽嗎？」

陳也愕：「擂茶還沒來呀。」

「剛才吃的不就是了嗎？」

陳更愕：「那不是飯嗎？」

起初不知這叫擂茶，朋友自家做，送來，一嚐，竟是人間最美味。

十樣八樣青菜，選擇素食的人，不加小江魚和蝦米，就是這樣。大多數人選擇的青菜是豆類——長豆、四季豆、花生，葉子類——秋菜、菜心、小白菜、包菜，再加菜脯，細切清炒。飯也有兩種選擇，普通白飯或油飯，最叫人留戀迷愛的是在把這些菜加飯攪和以後，最後淋上去的那碗湯汁。

青色的湯汁，即是它名稱的由來，擂茶。

原籍河婆的朋友特別強調：「那支用來擂茶的樹幹，一定要是番石榴的樹幹，它有一種特別的香味，在擂著茶葉的時候，它的香味會滲進茶葉裡，烹煮茶湯的時候，再加一種叫九層塔的葉子。」

雖說人們的健康意識已經越來越醒覺。但因為全是青菜，依然有很多人不喜歡。不過，接受的人亦日益增加，從前外頭不見人售賣，除了淡邊這地方，路邊就有攤。沒深入探聽，也許那一帶很多河婆人。

「哎呀，原來是飯哪！」陳說：「我還以為它是茶，還在等著喝了才走。」

茶或飯，只是一個稱呼，皆沒關係，一次生兩次熟，第三次，你來了就不想要走了。

莎士比亞說得好：無論玫瑰叫什麼名字，它一樣那麼美麗芬芳。

椰漿飯人生

如果不要過分挑剔，大部分小販的椰漿飯都很好吃。熱熱的有椰漿香氣的飯加炒得香香的江魚仔和花生，還有辣椒料，白煮蛋和幾片黃瓜，就吃到多數人吮手指了。

嫌不夠料的人，也可以繼續選擇攤口上擺著的大盤小盤其他種類的咖哩。雞肉、花枝、蝦、魚、羊肉或牛肉，有的還有參巴蝦米、炸雞、煎魚等，豐儉由人。

早餐若趕時間可以簡單些，也有把椰漿飯當午餐和晚餐的。不過，要是餐餐都吃椰漿飯，恐怕對自己的健康情況要格外留意了。

大馬街頭，無論走到那裡，皆可見椰漿飯攤。這是連外國人也不排斥的食物。幾乎每一間酒店的早餐，若是自助餐式，定準備具有大馬飲食文化特色的椰漿飯。我有一個「無椰漿飯不歡」的朋友。每天早上，無須鬧鐘，是椰漿飯喚醒他的。「想到椰漿飯的香，就睡不著了。」他說。

不久前，他突然暈倒進院，醫生檢查後，說是小中風。醫生接著詢問他的飲食習慣，他說自己甚少吃肉，也不愛喝酒，脂肪類通通沒興趣。

後來得了結論，完全是椰漿飯闖的禍。

差點被嚇壞的他的太太，從此每天清晨為他煮麥片粥。

美味可口的食物，通常不可以時常吃的。這就是人生呀。

融匯貫通的羅惹

羅惹？兩個中國來的朋友，對著小攤上邊懸著的牌子問，娘惹，聽過，羅惹是什麼東西？

解釋一下，其中一個朋友笑，那也和娘惹一樣呀。

娘惹是中國人和本地土著結婚後，生下的女兒；羅惹是熱帶水果和溫帶水果摻在一起，加上配料攪和以後，拿上桌來的食品。

不過，遊客現在要看娘惹，到博物館去才有擺設。街頭巷尾，不是難以碰到，而是完全消失。

但是羅惹則大城小鎮都有機會相遇。

吃羅惹，放什麼水果不是太在意，比較扣人心弦的，是加上的配料。

那配料，據說有秘訣。

傳子不傳女，外人更不會知道。

那配料對很多人來說，吃到吮手指也不怕，更不在乎吃相難看。中國的朋友一臉驚奇，有那麼好吃嗎？

買來一盤讓他們試。

好辣。他們一個吃了一塊沙葛，一個挾一塊黃梨，就不敢繼續下筷。

跟在旁邊一起去的大馬小孩，要離開小販中心時，小聲告訴我：剛才你去喚別的小食的時候，他們兩個說，這羅惹，好臭。

肯定是裡頭加進了他們從來沒嚐過的，檳城著名的蝦羔。

人和人相處，不免會起摩擦，要通過一段時間的溝通，才願意接受對方。

飲食文化，亦需要時間去融滙貫通，最具代表性的是檳城和馬六甲的娘惹食物。羅惹，正是其中一種。

飛餅

我們花了一些時間和從中國到大馬念書的侄兒曾彥形容要帶他去吃的一種在中國應該沒有，大馬則街頭巷尾到處都是的東西。尤其是這一年來，它幾乎成為本地大專生的主要夜宵食品。

他聽半天，想了一想，問：「你們說的是飛餅嗎？」

飛餅？

輪到我們愕然思考的時候，然後女兒和我一起大笑，點頭：「對了，飛餅。」

我們同時想到，在製作過程時，它確實是在空中飛了幾圈。飛餅這名稱顯然是再貼切也沒有了。

「哦，中國也有的，而且我在這裡也常吃。」他是於五月間因非典事故，首批從中國到來就被隔離十天才准出門的學生。這三個月內，「晚上如果沒煮即食麵，就和同學一道去吃飛餅。」

我去年受邀到台灣迎接佛指舍利，於高雄的佛光山素食食堂內的小食攤，其中一個攤格，就懸掛著「印度飛餅」的布條。名稱是印度，但在那兒表演和售賣飛餅的印度人，卻是從大馬邀請過去的。

全馬的大城小鎮，幾乎都可以找到印度飛餅。沒想到它的知名度之高，不限於大馬。

「賣飛餅的是印度人，坐在攤口的消費者，大多是華人。」這是中國侄兒曾彥觀察以後所得。「好奇怪。」

「飲食文化的融合，讓不同的民族相處得更和諧融洽。」這是好事呀。

大馬人不可能沒吃過飛餅，因為你肯定吃過ROTI CANAI。對了，只是名稱的不同而已。

青春三明治

三明治是西方食物，以麵包做成。西方食物有一個特色，就是快和方便。忙的時候，三明治可以飽一餐。

三明治的神奇在於它的多樣化。外面一層可用白麵包或粗麵包或麥片麵包或牛奶小麵包甚至是牛角包，夾餡成為三明治。至於內餡，益發多姿多采。素的是全菜式，切片黃瓜、紅蕃茄、青菜葉、再合上素乳酪和三明治沙拉醬，單是看配搭出來的顏色，已經大飽眼福，憑想像也極美味可口。葷的更是眼花撩亂，醺肉、火腿、杜拿魚、沙丁魚、煎荷包蛋、白煮蛋攪成泥狀混加沙拉油美奶滋，當然，再夾進幾片紅黃青色的菜，有美感，還有口感。

第一次吃三明治，是在檳城的「奶吧」。「奶吧」這名稱，今天的人聽起來陌生，當年卻是中學生愛去的地方，那個時代少有的冷氣飲食場所。售的是西餐，罕見而少機會吃的蛋糕，又包括有美麗名字如香蕉船、摩天樓、檳城之夜等等加了水果餅乾甚至一把小小的雨傘的冰淇淋，還有咖啡、茶、酒等，要吃東西前，先把桌上盤裡的餐巾鋪好才開始，感覺優雅而有趣。檳城最著名的一間是「伊甸」，今天還在營業，是學生生涯中的難忘。

後來，每回嘴裡嚼著三明治，不論在國內國外，大酒店或小吃店，都覺得味道特別好，吃得特別慢。有時候想，細咀慢嚼，其實是在留戀自己的青春歲月吧。

水餃和肉丸子

北馬不流行水餃，通常要到首都吉隆坡去的時候，才有機會吃。所以一聽到亞庇居然有天津水餃，馬上對曾桂安校長點頭說：「好呀，好呀。」

皮薄餡厚，而且沒有肉的腥味。果然如曾桂安校長所言：「很好吃。」

早年來自中國北方的一群移民，留在東馬以後，把手藝發揚光大，成了亞庇著名的天津餃子。

但是亞庇還有更好吃的水餃，只不過路邊吃不到，那是黃葉親手做的。

她聽到我要回家了，特地在那個早上送來，讓我從東馬帶到西馬。

嫁給台灣人的妹妹，很喜歡做水餃，因為台灣妹夫一次可以吃二十個。不過妹夫不承認這個數字，「太少了。」他說：「是三十個才對。」喜歡摸機器的妹夫平常不幫忙廚事，除了做水餃，他才願意進廚房去表演他的包水餃功夫。「從小訓練，外形既美，又好吃。」

家裡也有人不愛，他看見我們迷水餃，老愛做一副不明白的神情，就像看見我們吃春捲一樣：「為什麼包著吃就會變得比較美味？你分開來一看，不等於是吃肉丸子和麵皮嗎？」

「不要包的有嗎？」他問。

說得正確一點，他不喜歡外邊的那一層麵皮，但是特愛內餡，就是那顆肉做的丸子。

把春天捲起來

開始是喜歡那名字，把春天捲起來，單是想像，未放進嘴裡，都已經覺得美味無比。

白白的餅皮，把菜捲在裡頭，一口一口慢慢品嚐，好像春天都落進肚子裡了。細細咀嚼著，眼前彷彿出現一個萬花爭豔的花園，各種各類不同品種的鮮花，絢豔燦爛地綻放。

別笑，聯想力要格外豐富，平凡沉悶的生活才會多出一些些浪漫和美麗。

也有人特愛油炸的那一種。一層餅皮炸得金黃又脆脆的，好看又噴噴的香。面對著它確實很難拒絕。

可是，把春天捲起來油炸？好像犯了滔天大罪了。不可不可。我的選擇寧願是自然的那種。

不要讓捲起來的春天下油鍋好嗎？

平常食量不大，不過是兩個小時就要吃一次。從來沒有和我同桌吃東西的人，要是乍然見我吃春捲，會產生誤會，給我取大胃王作外號。只因對春捲情有獨鍾，百吃不厭。

有個校長朋友，是男的，歐先生，來自檳城，做過春捲送到我家來，他說，單是作料放了十八種。不是說放多料就一定好吃，但是，那是吃過最好吃的其中一次。想到他一種一種作料細細的洗切煮炒，然後一條一條慢慢地捲起來，更加好吃。

夕眺灣最令我感動的地方，就是每一個華族大節日，家家戶戶都忙著做春捲，這是文化的傳承，開埠超過百年，傳統照舊維持不變，這一點值得大家欽佩。

年輕的西餐

喜歡吃西餐，曾經。後來就發現，年輕人都喜歡吃西餐。

在我們念中學的時代，全檳的西餐廳就那兩間。平時極少去，都選特別日子。慶祝什麼節日，生日等等。物以稀為貴，感覺上自己喜歡吃西餐。

現在回想，喜歡的是餐廳的佈置、裝潢和一種氣氛。輕音樂、幽暗燈光、牆上的現代畫、打格子的桌布、瓶中一朵鮮花、散發的幽幽香味，低低的說話聲、侍者整齊的制服、禮貌和笑容。

桌子擺設和家裡完全不同，食物也新奇。正餐前先來捲花的牛油塊、軟軟的奶油小麵包、熱熱的湯，都盛在小巧的盤碗上，然後看你點的是什麼主食，那個時候，年輕，還沒認識佛教，當然點肉扒或雞扒，厚重的盤子上有生菜、蕃茄、沙拉醬、炸得香香的薯條，加一塊完全無骨的煎肉。

那段日子揭開愛吃蕃茄醬的幕，至今天仍舊在上演，幕未曾落下。最後，還有甜點、冰淇淋，或是咖啡或茶，好像在玩家家酒。來的是沒糖和奶的齋飲料，自己添加，用的是方糖，一粒嫌不夠，因為不認識任何一種疾病的名字；奶則是家中從來沒見過的淡奶。

一套套餐吃下來，肚子很飽，感覺很好。
到現在仍舊喜歡去西餐廳，不過，你要請我吃西餐？
我希望你可以接受我說不要。

鄉音炒粿條

「檳城炒粿條」，哈哈，到處都有，什麼稀奇？

這話一點也沒錯，無論走到哪裡，處處可見這招牌。

兩個女兒去澳洲旅遊回來，說那邊也有。現在小女兒在英國，要叫她有空去找一找，也許英國和歐洲各地唐人街亦有這一招牌呢！

大馬各州小食中心，一坐下來，抬頭便可見「檳城炒粿條」。

初初極興奮，因為離鄉日久，對於家鄉味道的食物格外懸念於心，一見「檳城」二字，就以為回到原鄉小島。

嚥了來，才吃一口，原來招牌和真正炒出來的味道，是完全不同的兩碼子事。

在吉隆坡住了好幾年的女兒經驗豐富地告訴我，別以為寫上檳城的炒粿條就是「檳城炒粿條」。

所以，檳城炒粿條處處有，要吃，還是得回老家檳城去。

疑問產生，是手式？是火候？是加的料？是調味品？是粿條的做法？

想極，不明白，也許吃的那個時候，耳邊有檳城的福建話，添了家鄉口音的炒粿條，味道就會比較特別吧。

娘惹糕人情

檳城有個奇怪的現象，那種著名香甜可口的小小塊娘惹糕點，售賣者竟是印度人。而且不是擺攤子在賣，是由販者頂在頭上，類似巴里島的婦人，但這裡是男的，或者是推三輪車到街上叫賣。頂在頭上的只單單賣娘惹糕，推三輪車的販者，兼賣拉沙。

娘惹糕的與眾不同，在於落足椰漿的香。很多地方也賣娘惹糕，卻只吃到它的甜。檳城的娘惹糕格外齒頰留香，讓人吃了還覺得不夠不夠，想來是得於它切得非常非常小的一塊。

離開家鄉很久以後，一天和女兒出去吃麵，在麵攤見到一大盤娘惹糕，高興地上前告訴老板娘要她切來四塊，老板娘說這不是賣的，是她特別請人給她做的。我只得垂頭喪氣走回來，讓女兒大笑。還說媽媽時常到這裡來，連他們只賣麵不賣糕也不知道。

老板娘捧來我們喚的兩碗麵時，另外有一小盤四塊娘惹糕。我得意地與女兒微笑。付錢的時候，老板娘說了兩碗麵的價格，我說還有四塊糕，老板娘說那是請你們吃的。

雖然那娘惹糕的味道和家鄉的無法相比，但多了人情的香味。

加料雲吞麵

我們在吉隆坡叫雲吞麵，他們就捧來一碗有雲吞的湯麵；如果要吃乾撈那種，叫它叉燒麵。

到了檳城，跟小販說，我要雲吞麵，他等你繼續，你沒講明白，他就問你，乾的濕的？

原來乾的是沒加湯水的麵，不過，送來乾撈的叉燒麵時，會加送你一小碗的湯，裡邊有兩粒雲吞加小撮青綠蔥花。感覺真是體貼。

濕的？非常清楚，不就是一碗有雲吞有叉燒的湯麵。

平常一碗雲吞麵，大約是馬幣三令吉左右，我在二十年前，消費未有今天那樣高，在吉隆坡茨廠街，吃一碗雲吞麵，是一塊八。本來這也沒什麼好寫的，不過當我吃完付錢時，聽到小販和鄰桌的人收錢，他們是八個人，叫了八碗麵。我的數學特差，可是當小販對那付錢的人說，九十六元。我即刻知道他算錯了。

付錢的人智商和我一樣高，因此他掏腰包一半，停止動作，問，什麼？

小販伸手，九十六元。

為什麼？

我剛才問你要加料嗎？你說好。

加料？

是，加了鮑魚呀。

嘩。幸好剛剛我沒有加料。不過，說真話，我喚雲吞麵的時候，他根本沒問我乾的濕的，更沒問我要不要加料。

相信他很清楚，就算問我我也不會說要的。

不要小看小販，他們會看人的。

五十元一盤的炸香蕉

「小時候家裡窮，曾經賣過炸香蕉。」這是前首相馬哈迪醫生的童年生活片斷，也是很多人順手拈來當勵志演講時採用的故事。

炸香蕉在大馬是廉價食品。而且到處可見。尤其在鄉下，車子在小鎮路邊經過，每一段不遠的距離，就會出現不同的炸香蕉小攤。

當然不是每一個炸香蕉小販都會變成首相的。

一個在美國居住多年的朋友說，他到美國人家裡作客，飯後美國朋友拿出一盤水果，一看，是香蕉。起初他「認」不出來，因為那盤香蕉，是切成斜片，薄薄的，用叉子叉著吃，一人一片。

「我們在吉隆坡家裡，香蕉隨時有，吃到來不及的時候，丟掉是常有的事。」他從來沒有想過，吃香蕉要那麼「珍貴」地小小一片地吃。

炸香蕉同樣沒有矜貴的身份。一條炸香蕉，賣到一令吉，就要被人嫌價格過昂，「以為是吃燕窩嗎？」

不久前聽到剛從台灣回來的朋友說，他回大馬前赴一場飯局，飯後侍者捧上一碟甜點，仔細一瞧，擺得美美的那一盤食物，竟是炸香蕉。

在台灣的香蕉，地位也和大馬一樣，算是普通水果，他忍不住探聽一下，才知道上了酒店飯桌上的炸香蕉，價錢是五十令吉一盤。

吃在台灣

有理的泡菜

來自台灣的朋友黃葉教我做台灣泡菜，果然如她所言，香脆可口，最主要是乾淨漂亮，單是看外觀，已經非常可觀。

容易被相貌所迷的人就這樣掉進愛情的陷阱。

「每餐吃一百道菜的慈禧太后為解油膩，最後一道上來的是泡菜。」

「劉備飯前必吃泡菜，為的是開胃。」

「諸葛亮為何那麼聰明？據說他每餐無泡菜不歡。」

愛喝咖啡的人，時常在翻書報雜誌的當兒，目光專去尋找喝咖啡的好處，上癮尚不肯承認，輕而易舉地，便找到許多藉口來安慰自己。

邊飲著邊對自己和身邊的人說，報紙和雜誌上都說，喝了咖啡諸多好處呢。

鍾情泡菜的人亦如是仿效。

餐餐桌上皆見泡菜，邊吃邊滔滔它的種種好處，心就安些。

無益之事，一再重複，被人質問時無法回答，還被嘲嘰。

逼得自己必得找到它的有理，然後理直氣壯地吃。

因為我們都只是一個普通人，缺乏理由作為支柱，無法撐起自己喜歡的人事物。不論何事，急急尋覓個因由，尋到便安心繼續愛下去。真好，終於找到不需要放棄的理由，繼續沉浸在自己的喜愛裡，甚至陷入迷戀境地。啊啊，無須清醒是多麼快樂的事。

蕃薯粥

如果要選一種食品，全家人都喜歡的，應該就是蕃薯粥了。

平日煮飯，量極少，一人幾個湯匙就夠了，但煮蕃薯粥要多放一把米。

後來才知不只是我們一家人喜歡而已。

一次在酒店吃自助早餐，聽到一個朋友說：「雖然有那麼多選擇，但我仍然要我的蕃薯粥。」

不禁要多看他一眼。

心無他念、專心一意、堅持到底的愛情，總要令人感動的。

蕃薯在從前算是賤食品。窮人才吃的，不過，時代改變一切，今天你要是還覺得蕃薯很便宜，那就是一個誤會。

一回我在台灣，是出版商請客，非常客氣地說：「你來開會，這幾天吃的都是精緻食物，今天請你平常的蕃薯粥。」

後來才知道，他說的確實是客氣話。那一餐，吃了台幣兩千多元，即是馬幣兩百多零吉。

原來廉價的食物上了大酒店的餐桌，也能夠搖身一變，成為昂貴的東西。明白了一個事實，便宜的食物不可以在酒店吃。

神秘的韮菜盒子

開始的時候，因為一份神秘感而吸引我想去嘗試。

人們對裝在盒子裡頭的東西都覺得好奇，到底是什麼東西，需要密裝起來呢？在菜單上看見，台灣的友人說「來來來，你是客人你來叫菜」。

我忍不住指著說：「這個。」

「韮菜盒子？」朋友說「不行不行，要叫大菜」。

他叫了魚、龍蝦、豬腳、鴨子、海參、魚翅等等分量極重的貴菜，「叫別人請你吃那個。」

另一餐同另一個朋友說，我要吃韮菜盒子。當然不告訴他是因為名字。

朋友搖頭，那個，你找別人請好了，我說好請你吃火鍋的。

石頭火鍋，那個時代流行，雖然當時還沒吹韓風，但這石頭火鍋卻是從韓國傳過台灣來的。朋友聊天提到時，我說沒吃過，朋友便把手指嗒一聲「就吃這個」。

再一個早餐，我不厭其煩再度同另一朋友建議：「今天早上就吃韮菜盒子吧。」

「那算什麼早餐呀？」朋友完全不贊同。

大清早居然請我吃鮑魚粥。那個年代，台灣錢淹腳目，我有緣正好碰上了。後來在夜市裡看到，隔天就要回大馬，我硬是賴著不走，方才得以打開神秘的盒子。

啊，原來是像我們的咖哩卜，又像炸過的春捲，還似油煎的餃子，不過是大型的。

裡邊是韭菜，一點點炒香的蝦米，皮略鹹，炸得正好，吃起來很香。

因為等待太久，那香格外地香。

這麼簡單的小食，路邊就有，我卻是經過許多次的要求，最後才得到滿足。

聽我這樣抗議，台灣的朋友後來在電話裡笑：「太便宜的東西，不適合請客。」

請客是請客人喜歡吃的，還是請價格昂貴的？哈。

拒絕魚生

二十多年前到台灣，請客的是台灣政府文化團體。第一道菜上桌，是一艘模型船，船上擺著切片的新鮮魚生，圍一圈切花的瓜果菜和芥茉醬料。

「真是太漂亮了。」我由衷地讚美。

而且看起來很名貴，但是一片都沒入口。雖然在桌各位都一番好意告訴我味道很可口。

後來就知道，單是那道魚生，價格已經非常不一般，那是台灣錢淹腳目的時代。除了生菜，對其他生的食物都沒興趣，尤其是海鮮。雖然沒有高深的科學、醫學知識，但生吃海鮮容易中毒倒是非常清楚。

過不久我在台灣《講義》雜誌看到，原來做生魚片的魚，釣起來後要馬上放血，魚肉才不會有腥味。最簡單的放血方法，是以小刀把鰓割斷，然後去除內臟，剁掉頭和尾，再以小刀貼著脊骨剖下，取下背部和腹部的兩片肉，冰凍後再去皮切成薄片，即可上桌。

讀著讀著，覺得人類實在太殘忍，有時候下廚，切菜時一不小心，連手指也被切一下，就痛得不得了，馬上停止做菜去找藥布；而對著一隻魚，竟可以活生生地將它弄死、切片。你絕對可以罵我假慈悲，但是，想像自己的肉被生生地切割下來的那種痛，再漂亮的美味魚生也無法下嚥。

不用預我的份

像我是記憶力很差勁的人，卻連季節街名地點直到今天也都還記得非常清楚。那是一個冬夜，在台北華西街，一路經過好多攤口，對我們來說全都很新鮮，所以左觀右望，覺得有趣。

起初遠遠的看得不太清楚，瞇著眼也看不出來，到底那一條條懸在攤口那邊的是什麼玩意兒。走近以後，不禁吃一個大驚，原來遲鈍無比的人，這時反應比平常靈敏一百倍，行動超迅捷，整個人一跳躍到對面的攤口。

一手撫著胸，心裡小聲說，「我的天呀！」另一隻手朝和我一塊來的同伴招呼，說話不敢大聲，「快過來，那邊有很多蛇。」

同伴過來了，站在我旁邊，朝我的耳朵說話：「你這邊也一樣。」

我頭一轉，「我的天呀！」這回的天是大大聲忘我地喊了出來。

就在我的身邊，我的身邊，貼得非常近，一條一條，全是蛇，有懸著的，還在捲著捲著，掙扎，像剛死不久，還有地上的籠子裡，哦，「游移」這兩個字是形容這個用的。

我又是一躍，這回經驗比較豐富，選擇的目的地是街道中間。

團員圍過來，叫我：「喂，你不要試試嗎？」

對著他們大眼瞪小眼，「什麼？」

他們極興奮：「吃蛇膽，喝蛇血，很補的。」

我站在街道中間哦哦哦，很客氣地向他們建議：「謝謝，你們自己補就好了，不用預我的份。」

太陽餅愛情

到了台中，導遊帶我們到一間很大的餅店去品嚐當地的名產，各種各類看起來美味可口的餅擺在精緻的盤上，任人自由選擇。

漂亮而語氣溫柔的售貨小姐指著圓圓的餅說，這就是當地最出名的太陽餅。

帶著遊客的心情，人變得格外好奇，大概是井然有序的安靜日子過得太久，出到外頭，什麼都想嘗試。

拿起一個太陽造型般的太陽餅，咬一口，甜、香、酥，用心去感覺，果然便升起一種燦爛、迷人、亮麗的美好。

玫瑰不叫玫瑰，也一樣是香的。這話顯然沒錯，不過，名字雖然不重要，有個好名字，還是占了便宜。

人人都說外表有什麼關係，內在美才是永恆實在，吸引人的力量更強更大。年輕時輕信，漸漸才發現，更多時候，沒有一個男人是為了女人的內在美而開始愛上她的。

不信，做個調查問卷，馬上可停止你的懷疑。

有時候我們為了一個名字，愛上一種食物，只是愛上，不是愛吃。

有時候我們為了愛情本身而愛上一個男人，完全不是因為那個男人。

豆乾的選擇

多年前在廣州白雲機場買到幾包台灣豆乾，有果汁味，辣味和原味的。興奮極了，禁不住誘惑，即刻打開請同去的朋友品嚐，他咀嚼後，皺眉問：「這是什麼？」

告訴他是豆乾，他不相信，而且還說：「豆乾的話，應該很好吃才對呀！」不好吃我會買咩？

所以說，你的好吃和他的好吃根本不可能是一樣的。

各人口味各異，其中應該還有歲月作為隔閡吧。

一回旅遊中國，同團年輕人，每次下車，就問導遊麥當勞在哪裡？當時我亦覺得不可思議。

售貨小姐說，這豆乾是台商和中國大陸合資的公司產品。

我習慣叫它台灣豆乾，和它首次相遇，是妹妹到台灣念大學，假期的時候帶回來的。說是可以和著粥吃，我們卻當它零食一般，口感極佳。

有閒暇的時間，還要加閒逸的心情，翻書或聽音樂，或看電視，可以一口一片，或一口一塊，感覺很好。

看著我一邊候機、一邊閱讀、一邊吃豆乾，一起候機的人說：「真正會吃豆乾的人，應該吃新鮮的。」

這話還用說嗎？

生活中有太多無奈呀。

如果有新鮮的魚，許多人不會選擇吃魚乾吧。

起碼我不會。

逐臭之夫

住在威省的朋友，曾在台灣求學，四年的大學生涯，其中讓他至今猶念念不忘的，是台灣的飲食。而在所有食物當中，最叫他難以找回舊時味道的，是臭豆腐。

「是的。」他說，「這裡也有人售賣，幾間台灣飲食店都有做，而且還是台灣人開的，不過，那味道就是不一樣。」

某日黃昏抵威省，他說要請我吃正宗台灣名菜，正是他一心念念的臭豆腐。

味道真是非常個人的，有人對某味道愛得無法形容，有人卻不屑一顧。他們說越是重味道的東西，越是極端。我聽不明白，他們說極端的意思是，如果喜歡，就喜歡得要死，要是嫌臭，就恨得要命。

做人不要太過了頭，古人的中庸之道是為人的理想之道。對臭豆腐，沒有特別討厭或者喜愛。自己不會去叫來吃是真的。

上桌的臭豆腐，確實有股無法解釋的味道。不是那麼吸引人，但朋友吃得津津有味之餘，尚嫌不夠臭。

記得二十多年前，到台灣時初次遇臭豆腐，在士林夜市和同伴逛著，突然聞到一股怪味，同伴說，怎麼有人在洗豬大腸？我則覺得非常十分臭，感覺要嘔。

後來同伴得知是臭豆腐，不但不走開，竟然上前躍躍欲試。嗅來一嚐，馬上鍾情。

攤口周圍全是異臭味，偏偏圍了一圈人，排隊在等空了的桌椅。可見逐臭之夫，大有人在。

吃在中國

被茄子嚇跑

在北京的第一餐，上菜來了個茄子，少下廚的我，一看，也知道是先把茄子下油鍋以後，再撈起來，加肉碎、辣椒等作料，然後上桌。

賣相還不錯，紫色的皮，再加紅色的辣椒，細細肉碎像點綴品，灑在上邊，很好看。

味道？凡炸過的菜，少有不好吃的。

沒有想到的是，一句「好吃」，結果在北京八天，最後簡直是被茄子嚇跑了。

因為我們和茄子緣份，竟然是每一天、每一餐，都有見面的機會。

第一次上桌的茄子，空盤回廚房；第二次的，剩一點；第三次的，沒有人的筷子伸過去。

不是單只一天一餐上茄子，或是單只一天，或是一天只是一次；而是每一天的每一餐，茄子都不厭其煩地出來和我們相會。

做法？今天的和昨天的一樣，昨天的和前天的一樣，前天的和大前天的一樣，這一餐和上一餐的一樣，上一餐和上上一餐的一樣。

原來對茄子擁有的好感，漸漸遊離，當它越靠越近，好感卻越離越遠。

從北京回來以後，上菜市場，看見茄子，完全沒有遇到老朋友一樣的興奮雀躍；而是忍不住，假裝看不見，繞道而行。

蓮湖糕團

在南京夫子廟前，猶豫著吃什麼好。

男人建議，當然是沒吃過又著名的南京名菜。他在幻想陪他來南京的兩個女人太多的選擇。

女兒說M漢堡，她指著眼前的大M字。前兩年遊夫子廟時，在這裡吃過「豬肉餡的，還有我們那兒沒有的芋頭派」。

她是傻的，誰要到中國來吃漢堡？但她也可憐，對中國到處都過油、過鹹的菜餚有強烈的抗拒和恐懼感。十幾年前她首次到中國時，患了水土不服症匆匆趕回去。

最後決定問商店的人，你們這裡有什麼好吃又乾淨的店？

就這樣來到蓮湖糕團。

蓮湖是個美麗的店名，至於什麼叫糕團？

周作人有一首詩：「嘉湖細點舊名馳，不及糕團快朵頤。艾餃印糕排滿架，難忘最是炙麻糍。」

喜歡的作家喜歡吃的東西，肯定沒錯。

未走進去，已見到冒煙的蒸籠擺在店面前，一看，竟是水餃和菜包，馬上坐下。不必細看菜譜，先喚水餃和包子，再從菜單裡選了牛肉麵和桂花蓮子紅豆元宵。這才抬頭，方知進了得獎的點心名店。

原來南京人所謂的糕團店，是以糯米為主的點心類，我們吃的時候，也看見擺蒸籠的對面一邊擺著的糕點，卻因那名稱多是甜的，沒有興趣就沒仔細觀看。

缺乏好奇心，結果進了名店，沒吃到名點。

但不懊惱，不論何事，如果要，就有辦法。所謂的無奈，不過是因為沒有存一顆要的心罷了。

不快樂的炸蠔餅

十幾年了，多次在路上，尤其是在福建惠安一帶，總遇到賣炸蠔餅的攤子，每一次看見，嚥一下口水告訴自己，下一次吧。

因為都是在旅遊的路上，因此每一次的相遇都要經隔一兩年。

不同的攤口不同的售賣者，但他們賣同樣的東西，不過是一種鄉下的普通小食，叫炸蠔餅。

我可以想像它的可口美味。

油炸的食物肯定對健康無益，但也肯定好吃。

蠔更是中年人的大忌，但卻是非常美味的東西。

煮法和食物都不可輕易入口的東西，出現在眼前，只能用眼睛欣賞，再用頭腦想像它的味道。

在小攤停下腳步，三思以後，依然對自己搖頭。

好朋友劉華源知道了，大笑：「為什麼要這樣對待自己？」

笑完，他掏出荷包：「我請客。」

買了坐在小店裡，叫來功夫茶：「來吧！」

朋友當先鋒，吃了一塊：「太好吃了。」

居然忘記自己的年齡，繼續努力。

我和他太太昭英在一邊陪他喝茶。

看著朋友的豪邁，感覺自己是懦夫。

他比我年長，也比我勇敢。

面對誘惑的時候，明明愛吃的我，卻挑戰自己，每一次的堅持都獲得成功，卻沒有什麼大快樂和成就感。

炸蠔餅，讓我看見自己是多麼虛偽的一個人，比不上真實的朋友。

改頭換面的土豆

怎麼樣把土豆切成絲？到底是誰本領如此高強？這是我第一次聽到炒土豆絲這道菜的時候，首先衝進腦海裡的問題。

畢竟是掌廚的人才叫廚師，他就有辦法。

當炒土豆絲這道菜上桌的時候，我驚訝的尺度高過看見一隻魚變成菊花——前幾天菊花魚捧上來時，目瞪口呆的我毫無掩飾地流露出無限的佩服。

一顆顆原來小小的土豆，竟可在廚師手上變化成一條條的長絲。

嚐一口，脆脆的，可是完全沒有土豆的味道。

抑止不住驚奇，探聽，原來北京人口裡的土豆並非我腦海裡的花生。

那為何稱它土豆？教人混淆。這句怨言是站在閩南人的本位發出來的。

閩南人說土豆，指的是許地山的落花生，因為它是長在土裡的豆。

而北京人叫馬鈴薯土豆，持的也是同一個原因，它也是長在土裡的豆。

後來和朋友去北京，炒土豆絲是北京餐桌上常見的菜，三餐中起碼有兩餐要和它相逢的，見到朋友愕然地對著那盤初遇的切絲土豆，他懷疑自己的眼睛：「這是土豆絲嗎？」我就大笑。

先知先覺的好處是可以得意洋洋，「不就是土豆絲嗎。」就是不說明，先讓他吃三天，以為都是花生，最後才揭曉謎底。

「咦，是真的嗎？我最討厭吃馬鈴薯的，不過，這樣作法，還真好吃。」

第四天吃飯時還在找：「今天沒有炒土豆絲嗎？」

原來只要換個面貌出現，竟可輕易擄獲本來不喜歡你的人的歡心。

破壞青團子

一粒粒青綠色的糕團，一塊錢三粒，見那人用牙籤插一粒，整粒一團就放在嘴裡，吞嚥下去，彷彿聽到咕嘟一聲。

沒有咀嚼，沒有配茶，甚至沒有坐下來，就那樣一邊走一邊呵的一粒，呵的一粒，呵的一粒，不到一分鐘，裝青團子的盒子隨手一擲，連牙籤也是手指隨便一挑，丟在地上，然後他兩手在褲子上擦擦，手背在嘴邊掃掃，吃完了。

看著，吞嚥一口口水，替他感覺難受。

我不知道那是什麼東西，看起來像是糯米團子，裡邊有沒有餡也不清楚。那青翠的綠色倒是非常漂亮，可那人的吃法一點都不好看。

怎麼可以這樣吃東西？懷疑他連那青團子是甜的、或是鹹的都還搞不清楚。

如果說要吃飽，那就買一點比較實質的食物，這青色的糕團，樣子更像點心。吃點心吃得如此隨便，大口吞嚥，沒有花點心思仔細去品嚐，似乎連味道也不知道就咕嚕地直掉到肚子裡頭去了。

不是不可以，吃什麼怎麼吃都是自由的，但是，在下著絲絲細雨，走在綠蔭如蓋的小橋流水邊的古樸巷道上，悠悠的小船在河上蕩漾，船娘唱著動聽的民謠，有一種出塵的寧靜優雅，卻有人這麼粗魯地一口一個青團子。

「要不要試試？」一起去的同伴問。

我大力搖頭。

走進周莊，彷彿走進一個像夢一樣的地方。

這個吃青團子的人，破壞了我美麗的夢。

三美湯之美

著名的嶗山道士在蒲松齡的筆下活著，來到嶗山腳下，遠遠地觀望，只有雲在山頂繚繞。在這秋天的季節，山上的樹竟還綠油油，有些也落了葉，卻非想像中的秋季蕭瑟景象或光禿禿的枯萎凋零殘狀。

歷史和地理都不太行的人，對嶗山的認識僅限於作家和道士，其他有關嶗山的一切，以為到了嶗山便一清二楚。

原來是想像。

沒有時間上山，只能在山腳下略爬數層梯階，拍幾張照片。背景是一道秋冬兩季便隨季節狹窄了去的瀑布，看起來像詩人和作家一樣瘦，把它攝到鏡頭裡，作為到此一遊的證明。

排在梯間的小販招呼客人：「來來來，嶗山的桃和梨，很便宜呀。」

買下山來，導遊卻說：「嶗山沒出桃也沒產梨。」

這不是奇怪的事。旅遊經驗多了，便知道在旅遊期間上當不妨當旅遊的快樂，除了添一段人生經驗，還獲得寫作題材，和朋友聊天時，且多一項笑話讓眾人開懷。

他時常說，算了，他們要吃飯嘛。那些小販得以繼續欺騙行為，是被像他這樣的遊客縱容出來的。

嶗山有多美？導遊在吃飯的時候告訴我們，他說最後一道出來的是嶗山名菜。大家吃驚，因為那一碗看起來是再普通不過的湯。

這叫三美湯。導遊慎重其事。如果沒刻意提醒，也許沒人注意。因為那湯裡唯見豆腐和白菜。

「這裡的豆腐和白菜出名的美，而最美的是水。」導遊介紹說：「嶗山水美是全國有名的，因此叫三美湯。」

啊，真慶幸自己在人生的前半段遇到挫折、也曾走過崎嶇曲折的道路，因為生命缺乏磨練的人，大概無從欣賞三美湯的美。

山東煎餅

站在泰山腳下，清晨的薄霧在遠遠的山邊，街道上行人不多，攤口倒不少。其中又以賣山東煎餅的小攤最多，買的人也多。

據說山東人最喜歡吃煎餅。這不是傳言，未到山東已經聽說。來到山東，當晚稍微在附近逛了一下，大小超市裡，排滿一盒盒山東煎餅，像普通餅乾一樣售賣，才發現山東煎餅分為兩類。

眼前這火燒得旺旺的。那鍋像個沒邊的大盤子，扣在灶火上，和我國印度飛餅攤的那種扁平鍋相似。佇在一邊看小販做煎餅的人也可感受到一股熱氣，在寒意沁人的早晨，那感覺倒很溫暖舒服。

小販先用杓子盛一杓米糊，倒在扁扁的鍋盤上，即刻將米糊攤開，成為圓而平的餅狀，因為餅的薄度，看著它很快由白轉黃，他熟練地揭起，疊好即成。

應客人的需要，小販也製另一種較厚的餅，那杓米糊這回不攤薄，並在熟了的餅上再加一舀菜，看起來像酸菜混和著青蔥，又有另一種選擇是白菜或高麗菜（即包菜），都是預先炒好另外盛在碗中，待客人喚時，交代所選的菜，小販便加入餅中，然後將餅一捲即交給客人。這外形和南方的春捲或稱薄餅的小食極像。

我看當地人嗅了第一種，沒餡的餅，自己加上青蔥一節，捲起來便放進口裡咀嚼，似乎非常可口。但我不上當，因為昨天在餐館時，已經嚐過。不知道為什麼，山東的青蔥顏色極翠綠，嚼起來味道非常之辣，簡直可比我們這兒的辣椒。

超市賣的煎餅，像層層的酥餅，和眼前的煎餅完全不同，卻統稱為山東煎餅。山東煎餅在清初蒲松齡筆下揚名天下，他寫的《煎餅賦》考證了山東人對煎餅的熱愛。兩種我都嘗試了。

家鄉的食物永遠懸在家鄉人心頭，可惜，我不是山東人。

不求甚解的湯

有個朋友吃東西非常嚴肅認真。外出吃飯，無論拿來的菜是什麼，他都要和捧菜的侍者溝通一番。「是什麼東西？怎樣處理？如何烹飪法？」結果有時候還得把廚房裡的大廚請出來，同他解釋清楚。

「我們吃下去的東西造就我們的身體。」他勸告所有他身邊的朋友：「一定要小心。」

做為他的朋友的我，正好相反。只要看起來不是太古怪的、味道過於強烈的，然後周遭環境的整潔程度不要讓我劃上減號的，就可以了。

不過，我喜歡和他一起吃飯。雖然吃飯不需要太嚴肅，但對自己將要吃下去的東西是什麼，多知道一點倒很重要。

一回在中國北方出席高級人物請客的宴會。拿出來的菜，不是放在桌子中間大家一起用，而是一人一盤，一人一盅，一人一碗自己吃自己的。

吃到一盅感覺味道有點特別的東西，白稠稠濃乎乎黏涕涕，像西洋人的湯。但不是平凡常見的蘑菇湯或牛尾湯或粟米湯。味道倒是出乎意料的鮮極，美味可口。

宴會結束後，問一起吃飯的人。剛剛那盅是什麼東西？

其中一個朋友說，品嚐起來好像是田螺。

一群無知又隨便的眾人一致同意。

另一人卻道，照說這官的職位那麼高，應該是蝸牛。

大家居然也一致通過。

「對對對。」「是是是。」「應該是。」

最後沒有人知道那盅裡到底是什麼。

突然想起求知精神旺盛的朋友，可惜他沒一起來。

路邊的蔥油餅

對一切不良食物，如燒烤雞魚，油炸糕餅類等等，深感興趣。如果這些應被歸類為孩子食物，那麼我絕對承認在吃東西的時候，自己依然保有孩子的天性。

不必問理由。要是你真的好奇，那麼也不會聽到吃驚或意外，而會是非常簡單的答案：好吃。又香又脆，吃過以後還繼續吮手指。沒有一個小孩不喜歡。

實在想不通，為何凡事好吃的，肯定都是對身體健康不好的，而所有被醫生和營養師指明，說是對健康一等好的食物，卻都全是叫人吃不下的淡而無味？

聽到蔥油餅，開心極了。旅遊的其中一件快樂事，就是有期限地縱容自己。不過才幾天，不過就數餐，偶爾吃點無益的好吃食品，有什麼關係呢？

人總幻想無限的自由，原來自由需要有限期（限制）才是好事。

嘴裡卻習慣性地要求，可以少油少鹽嗎？

導遊說，沒油不鹹的蔥油餅，還是蔥油餅嗎？

想一想，可不是。簡直是自己打了嘴巴。

導遊說你們自己選擇吧，時間不夠，是要上餐廳吃飯呢？還是到書店買書？精神糧食重要的話，就只好在路邊解決午餐了。

愛書的文人都有點傻裡傻氣，一致舉手同意去書店。

於是出現了路邊的蔥油餅這個鏡頭。一行幾個大馬作家坐在路邊，拿著飯盒，吃蔥油餅。可是確實好吃，邊吃邊想，以後不會再有這樣的機會了吧，這豈不也是生命中的一生一會嗎？平時也不太見面的朋友，居然有緣一起在北京路邊吃蔥油餅。於是拿起相機，拍照留念。

橄欖菜的自由

一直到兩、三年前，才在麗卿的帶領下，吃到橄欖菜。聽說這是潮洲人特有的醃菜。歷史悠久，麗卿以前託人到新加坡去買，近幾年才進口大馬。我們家的潮洲人，僅在多年前聽老人家提過，從沒機會品嚐這家鄉名菜。

麗卿是潮洲人，她喜歡橄欖菜可能加進一些鄉情意識，一起去的都不是她的同鄉，餐後卻對橄欖菜印象深刻。

如果它是一幅圖畫，保證是具有獨特風貌的作品。不過，印象深刻不一定表示喜歡。說它別有特色，意思是味道強烈，唯有腐乳的特殊可比擬。

從此家中常備橄欖菜。和著粥吃，本來只一碗粥便飽餐一頓的人，因為餐桌上有橄欖菜，可再加一碗，沒有誇張。

後來遇到對保健非常醒覺、注意飲食而成了烹飪高手的妍秀還教我以橄欖菜配饅頭（如有她親手製作的五穀饅頭更是一絕），至於麵包，無法找到饅頭時，當然也可以。

要是有調查問卷，哪一種東西是百吃不厭的？我提名橄欖菜。只不過醃菜的不良後遺症營養專家早有報告，何況越喜歡吃的，越是要有所限制。

隨心所欲，人生哪可能有這回事呢？

年輕時以為年紀老大便得自由，老大時才知道，你確實是擁有自由，但它的可貴之處卻是不得濫用。

懷念那隻魚

曾經在北京和作家鄧友梅先生吃飯。當天晚上——其實未到晚上，是黃昏吧，北京人到黃昏就吃晚飯，也許當時他們睡得早，多年以後的現在應該不同了吧。

鄧老叫了一尾魚。愛吃魚的人聽到有魚，充滿期待。

果然來了，是一碗魚湯。

尚未動筷，先聞到薑和麻油的香味。唔，好像很好吃哦。

幽默而充滿人生經驗的鄧老一點不老，和他說話是非常愉快的經驗，基於年紀和名氣相差太遠，卻也不敢放肆，這「好像很好吃」就收在嘴裡。

因為想像，感覺更好吃了。到北京才學習應該在飯桌上敬老尊賢，靜和敬待鄧老開始，只聽他嚐一口說：「哇，這湯可真鮮哪！」

表面假假偽作沒有什麼的表情，心裡很是興奮。用筷子挾一塊魚肉，放在碗上，正要開始，鄧老善意地提醒：「小心魚刺唷。」

聽話的點頭，心想，那麼愛吃魚，魚刺才難不倒我。

完全意外的是，那竟是一隻刺魚，全身滿滿是刺的魚。

本來用筷子的我，最後放棄餐桌禮貌，出動我那兩隻手十根指頭，很歎息，怎麼那樣好吃的魚有那樣多的骨頭？

隨便問一聲：「鄧老，這魚叫什麼？」

然後沒去注意聽，心裡已經決定，以後到北京都不要叫魚了。

據說北方吃的全是河魚，全是一身多刺的魚。

後來，後來不知道為什麼，一直念念不忘。

像我們生命中遇到的一些人吧，不必記名字，但會記住他。

饅頭滋味

起初是喜歡聞那蒸籠一旦被掀開後飄上來的嫋嫋麥香氣味，有一種平常日子的清平和富足的愉悅感覺。所有包子，只要不是甜的，其他鹹味的餡都頗感興趣。

漸漸地，也許是年紀的增長，對食物的味道的要求越來越趨清淡。

因此愛上沒餡沒料的饅頭。

到中國無論哪個城市，三餐要求飯桌上要有饅頭。

早餐桌上的食物過於豐富，不習慣。常是一碗白粥，一手饅頭。

同桌人問：「有味道嗎？」

太尋常，便不起眼，不過，淡也有淡的滋味，而且是原來的味道。

那人既然提出這個問題，表示他尚不了解，無法接受，還之微笑即可。

有一回在山西吃饅頭，外觀稍黃，咀起來不像前幾日的那麼細軟，略粗糙些；然而口感極好，咬起來很帶勁，小口細品，裡邊有純樸的麥子香味。

後來到內蒙草原再嚐到，一樣好吃。可是，據說最好吃的饅頭應該在山東，雖沒有機會品嚐，卻不為此而悵然若失。

「最好」的東西多得不得了，往往都不在手上和身邊。

若因而鬱鬱不樂，生活便有太多的不如意。

幻想和懷念，讓人憑添渴盼和熱戀。終有一日獲得時，滋味更上層樓。

狡猾的餃子宴

爸爸媽媽到中國吃過數回餃子宴，說得原本就對麵食特別興趣的人心動起來：「上來的全是餃子，做成各種不同形態，可愛漂亮之外，還有不一樣的內餡，味道各有千秋，非常好吃。」

於是，對著旅遊社給我的說明「紙」，幻想對著一桌的餃子，隨心所欲，自由選擇雞、豬、鴨甚至羊肉，或者素菜的餃子，津津有味地每種嚐一個，滿足我對餃子的熱愛和盼望。

一直到結束北京遊，還沒有看見餃子宴。於是問北京導遊：「明天早上就上機回家，今天晚上又吃飽了，哪還有時間吃餃子宴呢？」

北京導遊小李的眼睛充滿懷疑，再加一副「你怎麼那麼笨」的樣子：「昨天你們吃晚餐的時候，不是有餃子嗎？」

「那叫餃子宴嗎？」昨天晚上，餐桌上確實是擺著一盤共十粒的普通餃子。

「對呀。」小李點頭。

這時我再看他的眼神，似乎不是充滿懷疑，而是狡猾。

「你們馬來西亞來的客人，很多時候我們安排餃子宴，他們說通通都是餃子，不好吃的。」小李解釋：「所以就只給一盤餃子。」

「但是，在我們出門之前，你們寫明是餃子宴。」

「是呀，昨天晚餐的那十粒不是餃子是什麼？」

據說中國導遊個個都是大學畢業生，而且要成績非常優秀，才能考取導遊證。學問不足的我只好等回家查字典，看看「宴」是什麼意思吧。可惜就算查到了，也無法再去據理以爭。因為小李先生隔天在我們去機場的回家路上，給我們各簽一張字條，證明他白紙黑字寫的旅遊景點和註明吃的風味餐，全都帶我們玩過吃過了。

我們少的不過僅僅是一個正式的餃子宴。小李和把我們交代給他的一家怡保著名姓孔的兄弟的旅遊社，卻少去了我們對他們的信任。

愛情湯包

揚州人有「早上皮包水，晚上水包皮」之說。有人解釋，「皮包水」即是上茶館喝茶，「水包皮」則是下澡堂洗澡。

原先我以為只有廣州人最愛早上上茶館吃點心，而且這一點，可以點到下午甚至黃昏，因為曾經人在廣州，下午時分還有朋友約上菜館，重點是去吃廣州著名飽餃點心。

「皮包水」另有一說，指的卻是江南一帶居民最愛的小食之一：湯包。湯包原該倒過來寫，就是包湯，看起來便明白些，因為在小小的包子裡，它的餡料除了肉和菜之外，還有湯。

這湯包對廚師是一項大考驗：如何把湯汁包在包裡頭，不讓它外洩流掉？我排名第一個，認輸。

據說先把餡料放進冰箱裡凍結成塊，包的時候，它是塊狀的。待放在蒸籠裡一炊，凍了的湯加熱後，拿到客人桌上便成了湯包。

吃湯包的時候，湯包的店裡牆上貼張紙條，教客人如何進食：「輕輕提、慢慢移，先開窗，後喝湯。」

沒有聽從的客人，會遭到被包子裡的熱湯燙著的命運。我是最好的例子。根本沒想到，要吃湯包前，還得去觀望牆上的張貼。用筷子挾起來，一口咬下湯包的皮，馬上便讓熱騰騰的湯給燙得舌頭紅腫。

對湯包留下深刻的印象。

但這湯包卻是在南京吃的。

到揚州，可惜時間太短，沒早也沒晚，因此沒有「皮包水」，亦無「水包皮」。這樣最好，旅遊本來就應該留下缺憾，像愛情，永遠在想念中美麗起來。

吃在西方

PAELLA

在倫敦吃了好幾天的麵包，來到巴塞隆納，發現當地著名的食物是米飯。上網閱讀過西班牙資料的女兒同我們推薦：「一定要試一試PAELLA。」「好呀。」有的人變成遊客的時候，好奇心十足，無論是吃喝玩樂，皆躍躍欲試，實踐著「有殺錯，沒放過」的名言。

一看餐牌，哈，種類繁多。有螃蟹、龍蝦、SOTONG（花枝）、雞肉、火腿、蔬菜、臘腸、魚肉，或者上述多種作料混合煮成一鍋的。

未到巴塞隆納前，已經開始用功，其實早就知道其中有一道最為特別的，是蝸牛肉的PAELLA，因為同遊者的好奇心過於強烈並無限勇敢，因此不要告訴他。他早上連那種已經懸掛在空中滴油三年以上的鹹豬腿都敢嘗試，對於新鮮的東西肯定更加有勇氣和興趣。

把所有的材料和著米飯煮在一個平底鍋裡，上桌時候，是整個鍋子一起拿來。飯是紅黃色的。因為在烹煮之前，廚師先將白米用番紅花染色後才下鍋。沒有追問為何把米染上色，只要你親自在巴塞隆納走一走，就知道這個地方的人對顏色非常敏感。

要是照著它的樣貌稱呼，PAELLA應該叫做平鍋菜飯。

至於味道，它需要感謝前幾天的冷麵包。一個普通的華人，在吃了十多餐的冷麵包以後，不管如何烹制的熱米飯，相信都極美味可口。

吃著它的時候，想念和它外型相似的大馬砂煲雞飯。

平日我喜歡吃麵包，卻沒注意自己在每一次吃的時候，都要把它弄熱。到了倫敦，發現我不喜歡吃冷麵包，一直到了西班牙，又發現另一個事實，原來我還是比較喜歡吃米飯。

自打嘴巴的蝸牛

自以為是地教導女兒：「到普魯塞爾，去吃當地著名的淡菜沒有？」看到女兒搖頭，「哎呀，太可惜了。」替她惋惜不已。

普魯塞爾在比利時，是一個應該不會時常去玩的地方。

非常經驗老到的樣子告訴她：「以後去任何地方旅遊，至少要吃一餐當地的名菜。」這樣在和別人談起的時候，有可以誇耀的地方呀。起碼滿足自己和別人的好奇心。

到了巴黎，女兒興致勃勃地問我：「媽媽，今天晚上去吃蝸牛好不好？」

「蝸牛？」我嗯嗯嗯。

她說這是代表什麼？嗯嗯嗯的意思是要還是不要？

後來沒有吃。

因為我聽到蝸牛，馬上聯想到家中院子裡那些緩緩在地上爬的蝸牛，雖然它印證了一句美麗的詩，凡走過的，必留下痕跡，卻讓我感覺噁心得很。

怎麼吃得下去呢？就算廚師是一流的，有本領將它烹調得非常美味可口，我也沒有辦法嚥下。

回到英國，朋友問，你去法國，吃蝸牛沒有？

朋友見我搖頭，教導我：「哎呀！去任何地方旅遊，至少要吃一餐當地的名菜嘛。」

精緻的方糖

在巴黎的酒店吃早餐，向侍者要了咖啡，捧來的時候，一看，巴黎真不愧為法國首都，果然是以精緻和講究生活著名。

周邊雕花的大盤子裡，一個不太高的高腳酒杯其實是玻璃果汁杯裝著果汁一杯，大盤子中間有個小雕花籃，盛著一個橢圓麵包和牛角包，一壺熱咖啡，一個小牛奶壺裡是已經加熱的鮮奶，一個空而熱的咖啡杯。所有的食物和杯底下都有一張白色的餐紙，另外還有一塊牛油和一小盒的果醬，最令我驚喜的是，居然有兩塊方糖！

我拎起方糖，驚艷地低聲呼叫起來：「喂，方糖！你看，竟然真的是方糖！」

在方糖的日子離開我們已經很遠的時候，意外地在巴黎和它相逢，雖然餐廳還有別人，我仍然情不自禁要喊出聲來。

那個時候孩子還小，我們曾經對生活講究過。下午茶時間喝一杯咖啡，要先把杯子燙熱，還要另外捧來鮮奶一壺，到超市去尋找方糖，剝開糖紙，把方糖加進咖啡裡，緩緩地以小咖啡匙攪動，感覺那方糖在咖啡裡漸漸溶化，細細啜一口，輕輕吸一口氣，慢慢地品著，咖啡的味道，比平時胡亂加奶加糖，攪泡出來的好得太多。

當然，過後要洗的杯盤多出幾個，但卻覺得是一種生活上的享受。

遷移到小鎮以後，無論是超市或雜貨店，都找不到方糖，再加上越來越忙碌的生活，令人無奈地向三合一妥協。

午後的方糖，久違以後出現在巴黎的早餐桌上，也許它在提醒我，回去以後為粗糙的現實生活，重新加入一塊精緻的方糖吧。

TAPAS

一個大盤子，中間是蔬菜，生的，切片，圍在旁邊成一圈的有兩種食物。一是塗上魚肉碎和其他海鮮後下油炸過再切小塊的麵包，另一種是魚肉加海鮮以麵餅皮捲起來後再切片的「春捲」，另有檸檬一片，一小碟子的醬料。這是一人份的開胃前菜，其份量卻足夠我們三個人吃。

除了蔬菜和麵包，那些魚肉海鮮等作料，我是用猜的。因為我們不懂法文和西班牙文，指著餐牌問侍者，他的解釋若有似無，說他若有似無，是因為他的英文程度和我們的法文及西班牙文程度相等。結果我們只知道我們叫了海鮮包括三文魚魚肉的開胃菜。

侍者提到這道菜的名稱，倒是容易記，因為它叫打巴士（TAPAS）。從前我遇到有人把英文以音譯法來記憶，我心裡會看不起他，甚至嘲笑他，現在自己遇到困難了，才理解那人身陷困境的掙扎。

在西班牙當遊客的其中一頓晚餐，特別到旅遊手冊上註明「一定，非要去吃」的那間海鮮餐廳。說特別去那是誇張，前一個晚上，逛來逛去，無意中走到一個廣場，發現有條很長的人龍，再看一下那間餐廳的名字，恍然大悟我們和當地最著名的餐廳很有緣份。

我完全可以肯定那個侍者對我們這一桌人大開眼界，除了上述的開胃菜，我們還點了兩個主菜及啤酒，然後，並沒有遵照當地人的吃法，一道一道上菜，而是交代他通通一起來。

他在大眼瞪了小眼以後，送上啤酒，再一起送來三個菜，我聽到他的心中歎息：「這三個華人，居然將開胃菜當正餐，一點吃的文化都沒有。」

茶點時間

據說第一個把喝茶當成大事，並且訂了時間的是十七世紀末英國女王瑪麗二世。一天裡她最喜歡的時間是下午四點，因為那是她的喝茶時間。往後這習慣流傳下來，許多人都愛在這時間喝一杯茶。

女王瑪麗二世愛茶，愛到每次喝茶前的泡茶工作竟不假手於人，雖然身為女王的她有成群僕人侍候，下午茶時間卻是自己從茶櫃裡選擇茶葉，量取茶葉的份量，然後沖泡。

那個年代，茶在英國，是名貴的入口貨，只有貴族才有喝茶的機會。瑪麗二世的茶葉是鎖在櫥裡邊的。

十八世紀初的安妮女王，也以愛茶出名。她特別喜歡在早餐過後，再來一杯紅茶，仿效名人的結果是英國人培養出早餐茶的習慣。

十九世紀的維多利亞時代，更將茶點時間發揮到淋漓盡致。工業革命後，生活型態的改變，造成他們晚餐時間被拖延，下午四點，人手一杯茶，再加一些小點心，「下午茶」這名稱就是這個時候確立的。

茶在英國，人人一日不可或缺，進食午餐前，許多人也愛先來一杯茶。今天在英國，有早餐茶、十一點茶和四點的下午茶。

如果每一次喝茶，都可以非常從容地帶著休閒的心情，一天多喝幾次茶亦無妨，不管那是幾點的茶，味道應該都很好。

油條花樣

很多人不吃油條，並不表示油條不好吃。

我的朋友多不吃油條，但是同意油條是很好吃的東西。

另一個朋友問：「油條有什麼營養？」

注重健康和飲食品質的現代人才講究吃東西和營養之間的關係。

對好（喜歡）吃的人來說，營養放一邊去。

油條配咖啡，是一絕，配肉骨茶，是另一絕。檳城人則拿來配蝦麵湯，據說還有另一絕也在檳城，配杏仁糊。更有餐廳將肉碎和魚肉和蝦肉碎混合，塞進油條中間，再過油一炸，淋上沙拉醬上桌，有人豎起手指稱美味佳餚，若以健康論，極度不適合中年以上人士。

在西班牙的巴塞羅納見到油條，意外驚呼：「真的是油條。」不似我們的油條以雙雙對對面貌出現，它比較短，單邊的，並剪成一截截。

原以為只有華人才懂得油條作法和吃法，原來是自己孤陋寡聞。

那油條放在早餐店裡的各式各樣麵包中間，沒看見炸油條的那鍋黑色油，勇敢而好奇地買兩截，問賣油條的外國人：「這個怎麼吃？」

他教我：「可以配果醬、花生醬、蜜糖或者灑白砂糖。」

花樣翻來翻去，僅有甜味，比不上中式吃法。充滿憧憬咬一口，硬度太高。

擱下種族偏見以後，說老實話，油條，無論做法或者吃法，仍然是華人占上風。

想念白蘑菇

從英國旅遊回來以後，朋友遇到便問，吃到什麼特別的東西呀？

那兒確實有很多和我們這裡不一樣的食品。有些是歐洲的當地土產，有些是烹飪的手法。

洋人的食物，我們不太習慣，尤其是午餐。他們隨便一個三明治，就是麵包裡有塊肉片加幾片菜、蕃茄、黃瓜和洋蔥什麼的，便算是已經解決一餐。

在家的時候，為節省時間，我們吃得也極簡單。不過，華人對食物要求的起碼條件是：必須是熱的。

手揑著一個冷冷的麵包，裡頭夾的，就算是鮑魚或龍蝦，也無法吃出好味道。晚餐的食物亦沒有吸引力，都是大塊肉和生冷蔬菜，雖然去國之前，不斷給自己洗腦，不許帶個中國胃出門。

貼心的女兒，一有機會就煮給我們吃。在家裡她最喜歡煮食，到了英國，因為外吃太不經濟，全家最節儉的她，更是每天晚上下課後都不嫌麻煩地自己去買菜，再親自下廚。

短短數天，煮了兩次，兩次都有白蘑菇。「因為我非常喜歡吃。」她說。

在大馬從來沒有見過這新鮮的白蘑菇，來到英國，一次偶爾吃到，喜歡那滋味，於是一直記著，要把她喜歡的、美味的食物，煮給父母吃。

回來以後，許多著名食物的味道，漸漸地在時光裡淘洗去了，唯有這白蘑菇，一直讓我想念。

吃出哲理

真正的泡菜

我們一直以為我們喜歡吃泡菜。

比如說娘惹食物裡有一道是把所有的菜和豆，甚至加水果黃梨，白煮過濾，待乾以後澆上辣椒、酸柑汁、調味料、花生末和芝麻，攪和一番，馬來文叫「ACAR」的馬來沙拉最為我們母女所好。

還有最普通的黃瓜切片或條狀，加上白醋、糖、少許鹽，或再加洋蔥和切碎的紅辣椒，生吃。

到中國，上菜前往往來個四小盤或八小盤的冷食物，包括白煮花生、青豆莢、乾小魚、滷海蜇、滷雞鴨或豬內臟，其中就有不同種類的泡菜。

黃瓜最常見——中國黃瓜較瘦也較脆，尚有高麗菜、大白菜、紅白蘿蔔，更有叫不出名字的蔥和菜，還吃過土豆製的泡菜。（頭一回聽到土豆，以為是花生，後來才知是馬鈴薯的別名。）

自從韓國影片流行起來，泡菜更為風行，因為韓國是泡菜之鄉。韓國人認為泡菜吃多，乃長壽之道，因此有一說：「真正的泡菜在韓國。」

小女兒魚簡到韓國一遊，每天每餐都有泡菜，本來很愛吃泡菜的人，回來以後說：「去吃泡菜？不要叫我。」

在大馬吃泡菜，按照大馬人的品味處理，因此好吃。

至於哪個地方的才算是真正的泡菜？

毋庸置疑，合胃口的那一種就是。

歲月的早餐

忘記是什麼時候成為慣例的。

只知道二十歲時聽到醫生友人說他的早餐數十年竟如一日，沒有更換過。每日清晨在餐桌上迎接他的是：一杯熱可可、兩片塗果醬的白麵包、一粒半熟蛋和不同顏色的水果。不知道多少個三百六十五天，一模一樣的早餐後，他開啟診療室的大門，開始一天的工作。

隔日早上，又是同樣的開始。

不嫌清淡無味？從心底欽佩他。

那個時候，年輕的人的早餐豐富多姿。今天是華族的麵條、明天是馬來同胞的米飯、再來是印度人的麵包，再接下去，米粉、粿條、麵線、糕點等等不允許重複，每一天都是不一樣的味道。

苛刻的挑食，選擇的卻不是好食物，側重的是濃郁的味道。

漸漸經歷人事滄桑，嚐受過人情冷暖，吃在生活上排的名次降到最低，不是不重要，而是許多不必要的皆屬於多餘，被排除出局。

挑擇？還是挑的。早餐，挑的是一杯熱飲料——常常盼望不是咖啡，難以辨到，兩片粗麥麵包——盼望手製，多數失望，一粒半熟蛋和水果。

每天同樣，重複，沒有新鮮的食譜。

一個年輕人聽到以後，驚歎：數十年如一日？你竟可以？這麼簡單的早餐。

有一天，他一定也可以。

歲月讓人懂得好壞、懂得堅持、懂得容忍、懂得味道、懂得生活、懂得簡單、懂得一切不外如是。

嚼得菜根

「嚼得菜根，百事可做。」這句話源自宋朝汪草，因為年代過於久遠，版本很多，有的說是：「咬得菜根斷，則百事可破」，有的又說是：「人能咬得菜根，則百事可做」。無論哪一句，其中涵意是：「菜根粗糲難吃，正如貧苦生活，人如果能夠自甘淡泊，經得起貧賤生活的磨練，則任何事情都無法難倒他」。

古人經常鼓勵人要吃苦、不要怕吃苦。吃得苦中苦，方為人上人。

吃菜根，是吃苦的代名詞。

從前的人，沒有什麼機會吃大魚大肉，年節喜慶才見到肉類上餐桌，平時桌上擺著的大多是青菜。

少吃多滋味，菜吃得多，大家益發懷念肉的美味。

後來方才知道，不過是有菜可吃，竟也算是富裕一族，更多人吃的是菜根。再仔細閱讀，菜根原來就是菜頭，除了各種菜的根乾，還有蘿蔔、蕃薯等。

對愛吃菜的人來說，菜頭和菜根、菜乾、蘿蔔和蕃薯，都不能歸類為難以入口的菜。

去年在武夷山，同遊一團人在吃飯時間，對著桌上那一盤青色的菜根頭，筷子不約而同朝著同一方向挾，而且極獲好評：「脆脆的，真好吃。」

自從研究報告出來，蘿蔔和蕃薯上了優良榜以後，保健意識加強的今人，紛紛搶購，結果從前價格低廉的這兩種菜根，不只是價錢高漲，還從普通人家的餐桌，升級上了五星大酒樓的食譜。

「嚼得菜根，百事可做。」看來要換一個說法了。

遲到的蝦

請老朋友吃飯的那個晚上，特地選了以海鮮著名的泰國餐廳。名符其實，每一味都做得極具特色，加了泰國風味的幾道菜，頗得眾人的心。

可惜的是那一道清蒸大蝦，已經拿到桌上擺著，也已經有人挾了一隻剝開，發現居然沒有蒸熟，真是難以置信。

吃生魚片是另一回事，半熟的蝦沒人敢動手，後來唯有拿回廚房重新處理。再出來的蝦，當然熟了。不過，已經不如我們想像中的可口。

很多事情莫不如是。

許多人以為，遲到好過沒有到，有時候確實是，但有時候，遲到，滋味或接受度便已經不一樣了。

老朋友那個晚上開著運動型的名貴跑車來聚餐，有人說恭喜，你終於買了你的夢車。老朋友對著遲到的蝦苦笑：「是，是實現了年輕時代的夢想，但是，像我這個年齡的老人，已經不適合開跑車了。」

想要得到的時候，各種主觀客觀因素造成無法到手，只能遠遠地觀望，或是眼睜睜心酸酸地看著別人在表現那擁有的快樂和興奮。

最後，可能你終於也得到了。只是，不知道為什麼，失去了雀躍的心情。

所有的一切，來得太遲，出現得太慢，都是一份缺憾。

貪吃

當我吃福建人的春捲的時候，家裡的潮洲人總要做不以為然的表情說：「真奇怪，菜是菜，皮是皮，為什麼要用春捲的皮，包上菜來吃呢？」

對食物的愛情是沒有辦法同另外一個人解釋的，也不願意強迫其他人來接受和你同樣口味的東西。正如各花入各眼，大多數人也許會同意玫瑰又香又美，但不會是百分之百的人和你一同愛上玫瑰。

春捲那麼好吃，不懂得吃的人不必和他爭執，因為那是他的損失。

本來也有報仇的機會。

那就是潮洲人在吃潮洲菜糕的時候。看著他吃得津津有味，尤其是他的小嬸阿彥親手做了送來的，「真是太好吃了。」他說。一口一個的擔心被人吃光的樣子。

其實他是一種省份族群的自負情結在作祟，覺得阿彥自製的春捲比檳城酒樓的還可口。

原來是要淋他一桶冷水的，只要照碗煮飯即可，問他：「咦，皮是皮，菜是菜，為什麼要用皮包菜來吃才好吃呢？」

潮洲菜糕同樣也是把炒好的菜，用粉製的皮包起來，蒸熟即可上桌。

糟糕的是，福建人吃菜糕時，又覺得潮洲菜糕也很好吃呀。

哎！貪吃的人是沒有機會說別人的。

等待早上八點

凡是「正常的」酒鬼，都不會親口承認自己是「好」酒的。

這其實是一種逃避現實，似乎只要不承認，便不是了。

不論何事，凡上癮便成癖，癖的另一個說法，應該是病。

不論是上癮或癖或病，都不能阻止酒鬼不喝酒。一如你告訴酒鬼喝酒的各種壞處，他完全聽見，但進不了耳朵，如風吹過一般。

又有一些人，每天晚上開始癡癡期待，盼望隔天早上八點的到來。

因為健康不夠良好，又愛上咖啡多年。醫生說一天一杯還是可以的，於是，怕死的人不敢不聽話，卻無法完全戒掉，只好帶著無限企盼，每天早上八點成為一天裡最好的甜蜜時光。

渴盼的結果，那一杯咖啡變得無比可口、無限美味。入口的速度非常緩慢，儘量拖延，一小口一小口地啜，不是飲或喝。

味道經過細心地品嚐，彷彿益發香醇美好。

有時候想，如果對所有的事物都肯用心，都願意等待，那麼生命中的一切都滋味無窮，不僅只是咖啡吧。

最好的茶

老同學見到我們來，非常興奮：「我給你們沖我家裡最好的茶。」我們是幾個老同學。屈指一數，竟然已經有三十年不見。分離的歲月，加深了我們的思念，也帶給我們無限的惆悵。

很多東西都不一樣了，不光是外表的衰老和思想的分歧。

每一個人各有不同的生活經歷，但是，對於同窗時代的情誼卻難以忘記。

喝著茶，聊的話題不外是家庭工作孩子，還有往昔的舊事。大家雖然多年沒在一起，提起學生時代的往事，仍然記憶猶新。

回去的路上，其中一個老同學說：「他怎麼說那茶是最好的茶？」

我一時間會意不過來。

「普普通通罷了。」是的，那茶的味道並不特別，但是，正在開車的我忍不住說：「但那確實是最好的茶。」

「是嗎？」批評茶的味道實在不怎麼樣的他不以為然：「這麼說來，你真的是沒有喝過真正的好茶了。」

也許。

世上的好茶那麼多，所謂的好，水準究竟定在哪裡？

我知道。

「那肯定是好茶。」我告訴他：「只因為他把家裡最好的茶拿出來招待我們。」不論味道怎麼樣，「那就是最好的茶。」

尊重炒飯

像我們沒有吃過什麼好東西的人，一盤炒飯就已經可以是天下美味了。

不知道為什麼，明明曉得炒飯其實是得用隔夜飯炒起來才會QQ，而隔餐隔夜的飯菜，講究食物品質的現代人是不推薦的，偏偏就是愛吃炒飯。

有些餐館，為了保持他們「好吃的炒飯」的水準，當天的飯在當晚賣光以後，廚師下班前，得先煮一鍋飯，水份少些，煮好的飯才不會太軟，然後存放在冰箱裡，為了隔天炒飯之用。

有人聽我說愛炒飯，趕快和我握手，說：哈哈，我也很愛。

太好了，宛如知音。但是，那人要的炒飯，還得加進很多「好料」，如臘腸、火腿、豬肉片、大蝦或魚片。我的，只要兩個香菇、沒有香菇也可，最重要的是一個雞蛋、再加點鹽和蔥花就足以飽餐一頓，如果有幾個蒜頭，味道自然更佳。

有人笑我在吃一堆澱粉。

愛是奇怪的事，我也清楚這份炒飯的食譜對我的健康沒有什麼「建設性」，可是，就是覺得很好吃。

有個朋友在外邊從不喚炒飯，她說自家會做的菜式，回家吃就可以了。出外應該選難做，需要長時間、花功夫的菜餚，叫了才值得。

吃飯也得要精明算計？有人認同，有人反對。沒關係，叫來的東西，都是吃進自己的肚子裡，各人叫各人的，各人吃各人的，同桌吃飯各自飽，一同修行的人，道行誰的較高，其他人也不懂。

從一盤炒飯當中，學習尊重每個人的選擇。

路上的霜淇淋

妹妹說她到台灣念書的第一年，在路上買個霜淇淋，邊走邊吃，結果被路邊一個老人教訓了一頓：「女孩子家，怎麼可以一邊走路、一邊吃東西？」邊走邊吃是一件沒有禮貌的事，妹妹說她從此明白。

我不服氣的是：「男孩子家就可以嗎？」

當年的台灣，仍然充滿男尊女卑的思想吧。

況且，霜淇淋待買回家後才吃，不就融掉了嗎？

把霜淇淋買回來，然後坐在餐廳裡，放在餐桌上吃？

需要如此正經八百？又不是吃西餐，要用刀使勁鋸開那片肉。

心裡其實是無限地羨慕邊走邊吃的瀟灑。

雖然有人認為難看，沒有風度，甚至說這種舉動令高貴的氣質消失——這最後一點倒不必擔心，因為本來就沒有。

不過，千萬不要是因為事情太多，工作太忙而不得不邊走邊吃。要是能夠閒閒地，一邊緩緩走路看風景、一邊慢慢吃著手上的零食，看，這麼好的景色，哇，那麼好吃的零食。

唉，多麼寫意的畫面。

先享受個人的自由，至於禮貌，吃完再說吧。

在西班牙旅遊時，我們和小女兒一邊逛高迪公園，一邊狂吃手上的薯片，還拍下照片為證，讓一邊怕胖、一邊愛吃薯片的大女兒垂涎不只三尺。哈！

加料的素料

寫了幾篇關於素食的文章，結果接到好幾通電話，都是讚賞素食的實踐者。

一個在大學念書時就參與佛學會的年輕朋友，他完全贊同淡食才是素的說法。「如果素食者只選擇吃素料，反而有礙健康。」

他所知道的是，素料多經過化學處理方式。這種化學食物，他完全缺乏信心。不知名化學物的添加，令人擔心後患無窮，最可怕的是致癌。

眾人談癌色變，使得這個時代變成人人自危的時代。焦慮的現代人大多得了驚恐症——時常懷疑自己身得重病。對癌的恐懼過於深刻，以致身體一有小毛病，未找醫生診斷，即馬上自我肯定，一定是得了癌症。

化學物之外，素料裡還有什麼料？

另一個剛從台灣回來的朋友在電話裡說，最近台灣鬧得沸沸騰騰的新聞，是商人在素料裡加了不是素的料。

素蝦裡頭有真蝦，素豬腿裡邊有真豬肉，素魚裡加入了真的魚，真魷魚混水摸進素魷魚。

像傻瓜一樣地聽著，張大的嘴巴和眼睛都閉不上了。

難怪有時候吃到素料，還驚歎那味道怎麼如此逼真！

在家居士，若是為身體健康而持素，吃了加進葷料的素料，最多是少一點健康，沒甚大礙。然而，那些不擇手段的商人過份無良，卻害得出家的法師犯了戒律。

這一回，不只是淡食，看來唯有青菜豆腐才是真素。

芥末朋友

也許芥末並不能算是食物吧，它應該只是屬於一種調味料。

多年以前在一家台灣的餐廳，和喜歡芥末的朋友一起晚餐。

她無論吃什麼都要沾上芥末。

生魚片、煎酥蝦、燒雞、滷肉，甚至青菜，那是我第一次看見芥末，也是第一次看見一個人，把調味料當成食物一樣地吃。

芥末對她顯然變成是主菜。

那時大馬還不流行日本餐廳，我看著漂亮青綠色的芥末無法不懷疑：「很好吃是嗎？」

「太好吃了。」一向爽朗的朋友點頭。

「你試試。」她把她面前那小小盤的芥末推給我，以一種心愛東西與好朋友分享的慷慨。

我挾一小塊雞肉，沾一下那看起來非常順眼的青色，放進口裡。

從此對芥末產生不良印象。

怎麼可以在那麼柔和的綠色裡，埋藏著嗆得人一把鼻涕一把眼淚的辛辣。

彷彿遇到一個外表對你笑咪咪、甚至說話時當你是非常親愛的朋友，卻是她在你的背後插了你一刀。

令人太難過，頻頻想忘記卻無法忘掉的芥末。

無味的菜

有朋友來，就請他到餐廳去吃飯。

近幾年不再在家裡請客，也不煮菜請朋友吃。

嫌麻煩是其中一個原因，最主要的還是自己煮的菜越來越不好吃。

因為到了後來，對食物的要求已經不是味道，而是簡單的原味。

煮菜的時候，最常用的調味品僅限鹽一種。

偶爾會加入酒、黑白胡椒、黑醋，其他都被摒棄了。

從前時常呼朋喚友到家裡來烤肉烤魚，那些過去的日子都收藏在記憶的最底層，不刻意掀翻開來，早就忘記了。

同時明白姚拓先生請客的時候，為何叫了有味道的魚、肉、菜，一桌子滿滿的豐盛佳餚宴客，但他自己的面前總是擺著一盤白煮空心菜。

當一個人品過生命的種種滋味，嚐過不同油膩甜郁香脆辛辣的菜餚之後，恍然大悟的他會回到最原始、最單純的選擇，就是白煮的菜。

不油、不酸、不甜、不鹹、不辣，也不苦。

很多人吃這種菜那種菜，並批評這菜可口那菜不美味，其實他們從來沒有吃過菜的原來味道。

無味，是；不過，請注意，無味也是一種味。

從有味到無味，走了很長的一段路，因此不想再回頭。

家常定義

有的家庭專吃大菜，每餐規定要見到雞鴨魚蝦在飯桌上才叫吃飯；也有那普通兩個小菜，如清蒸豆腐和白煮青菜，就算一餐的。

說到家常菜，各家自有各道。

口味像繪畫技術一樣，可以培養訓練，並且隨著時光的遠走他方而返樸歸真，聽說藝術家大多如此，尋找到最後，盼望的是自己能夠畫得像個孩子。

吃亦如是，從淡淡的味道開始，到甜辛酸辣的重口味，然後，境界一如那禪師說的，見山是山，見水是水，到見山不是山，見水不是水，再回到見山是山，見水是水。

繞了好大的一圈，花了三十多年，漸漸地對清茶淡飯越來越依賴，濃郁的味道已經逐日被摒棄門外。

出門在外，朋友每天宴請，餐餐大魚大肉，習慣青菜豆腐的胃開始抗議，終於抑止不住，對朋友搖頭，這樣不行，是真正的「吃不消」，是否暫停大菜，來一點家常菜？

朋友詫異，這些都是家常菜嘛，不要客氣啦。

我說你才是客氣，幾乎餐餐魚肉蝦，還說家常？

朋友說，真的真的，我們餐餐都是這樣吃的。

哦？

怎麼他的家常菜竟然和我的完全是兩回事？

他的既不是我的，我的也不是他的。

到底誰的定義才是真正的家常菜？

思考一下，其實都是，也都不是。

不同的遺憾

朋友約我去吃乞丐雞。

他的形容詞一流，一隻名字不好聽的雞在他的嘴裡，變成無窮的誘惑。

「我請客。」他說。

其實我有許多朋友，都可以為了吃一個什麼東西，特產鄉土食物等等，刻意開幾個小時的車，為的就是去嚐鮮。甚至吃到半夜才酒醉飯飽地又路迢迢地趕車回家，心甘情願。

「人生能夠吃多少餐？能夠吃的時候，儘量吃吧。」

朋友的看法不能算錯。

但要我為了吃，開數小時的車，我卻捨不得花這個時間。

如果有機緣，到某地，當地友人帶領之下，去吃著名食物，我也很愛的。畢竟人家會出名，肯定有原因。不過，要我特地坐幾個小時的車，為了吃個什麼，我的回答多數是拒絕。

吃到什麼，沒有吃到什麼，都不會覺得是一份遺憾。

但不會嘲笑或是輕視為吃奔馳數百公里的朋友，因為他們沒有去品嚐的話，他們會認為是自己生命中的遺憾。

每個人都有不同的遺憾，讓我們互相尊重。

飯的年齡

有人說餐餐都吃飯，吃到怕。這句話教餓過飯的人聽了，要叫他掌嘴的。可是說真的，現代人少有餓的經驗，一日三餐已經過時，如今是一日多餐的時代，一餐多菜，吃得不知是要坐好還是站好。

過飽的時候，坐也不是，站也不是。

誰也沒聽過什麼叫做民不聊生。

結果不吃飯成了流行趨勢，這樣不會那麼快吃飽，可以吃多一些菜。

大家都認為菜的營養價值要比飯更高些，又有人研究出來的報告說，只吃菜不吃飯可以減肥。人人馬上都相信了，飯量越來越小。

像我們這種中年人，對飯仍然有情意結。許多同年齡層的朋友一致同意，只是不斷地吃菜，沒有來點飯，好像肚子不會飽似的。

我們都對飯情有獨鍾，而且一談起來，大家集體點頭，喜歡聞到那剛煮熟的飯香。

感覺美好豐足，歲月清平。

其實不只是我們這些中年，在我們之前的古人早就說過「飯之甘，在百味之上。」袁枚先生甚至還建議：「遇好飯，不必用菜。」

年輕人相信是不願意和袁先生同桌的，他們吃不下。

最好吃

提到很多好吃的東西，都是非常私己個人的。寫作和繪畫，要有風格是難事，需要時間磨練，心力完全交瘁後——許多藝術家在交出一項作品後，彷彿死了一般，完全用盡精力——卻也不見得有好成績。

培養吃的風格卻容易得太多。

藝術創作和吃的風格，雖然一難一易，有一點相同的是，皆會出現贊同的愉悅聲音，同時也有反對的冷嘲熱諷在你身邊遊移徘徊。

西方諺語早知道有這等情況出現，因此早早就聲明「一人的食物乃他人之毒藥也。」

同樣一盤菜，明明是同樣的味道，因為吃的人不同，就有不同的聲音，接受或排斥往往互相攜手一起來到。

各花入各眼的道理在這邊正好用得上。

到底什麼東西才是最好吃的食物？

最愛把自己餓得很餓才進食。朋友問我是否喜歡自虐？

餓的時候，尤其很餓的時候，無論餐桌上有什麼食品，都是天下的最美味。

肚子飽脹，食慾溜走，就算見到魚翅和鮑魚，也不會產生動筷子的念頭。

很餓很餓的時候，眼前手上有什麼，都是好吃的。只是這種情況在這個時代已經少有，所以許多人都覺得，很多東西都是不好吃的。

苦瓜之戀

有一群弟子要去朝聖。師父在他們將出門時，交給他們一個苦瓜：「你們隨身帶著它，當你們經過每一條聖河，就把它浸泡一下，然後把它帶進每一個聖殿，放在聖桌上供養，每天都朝拜它。」一弟子們在每一條聖河和每一個聖殿，都按照師父的話去做。當他們回來以後，就把這個被他們當成聖物看待的苦瓜交給師父。師父吩咐他們把這個與眾不同的苦瓜煮熟，當作晚餐。晚餐時候，師父吃了一口苦瓜，語重心長的對弟子們說：「奇怪呀！這個泡過這麼多聖水、進過這麼多聖殿、你們朝拜了這麼多次的苦瓜，它的味道竟然沒有變甜。」

不是因為這個苦瓜的本質和生命的本質是一樣的故事讓我喜歡苦瓜的。喜歡苦瓜已經經年，故事是最近才看到。

年輕時候，見老人吃苦瓜，覺得他太厲害了。這麼苦的食物也吃得下口。

歲月讓自已變成年輕人眼中的那個厲害人物，我的年輕女兒眼睛盈滿不明白：

「為什麼你會喜歡吃苦瓜這種東西的？」

曲折的人生路走呀走的，嚐多了挫折、不如意、無奈等等滋味，你就會漸漸地愛上苦瓜了。甚至無須炒肉、加蝦或雞蛋。在滴水坊，慧愚法師介紹一道苦瓜炒河粉，是素的，細咀慢嚼，竟是天下美味。

生命的味道

老同學林孝雲經營的原味餐廳，生意越來越好。

她很高興，「不是賺錢，而是越來越多人懂得對自己好一點。」

調味料加得多，食物吃起來彷彿美味可口，事實吃的全不是真正味道。

老同學之所以轉行開原味餐廳，主要是因為「要學會善待自己的身體」。她在年紀很輕，就得了好幾種病，看醫生次數多了，漸漸看出心得，最後自己診斷。

「身體健康出問題，問題是在自己。」

「你吃下什麼東西，你就獲得什麼樣的身體。」她覺悟以後，從此遠離醫生，自己當醫生。「不許再縱容自己的口慾。」她決定「在病還沒有出現之前，先預防，勝於治療。」尋回健康是開心事，她願把心得與眾人分享。

「非常簡單，就是吃東西的時候，選擇清淡的、原味的。」不加化學調味料的食物，她堅持「才是好的食物」。

好的，卻不一定馬上就被人接受。

因為口味是多年培養起來的，一如不良習慣。

改變，對很多人來說，是不容易的事。

「最好是吃素。」通過自己的身體，她找到健康的道路。大多人認定素食不好吃，「沒有味道」。她的回應是「其實是沒有真正用心去吃出青菜和豆腐的原來味道。」

她的長期顧客，多為上了年紀的人。

「濃肥辛甘非真味，真味只是淡。」為什麼人要上了年紀才漸漸有此發現？看來在尋找天然純真的味道之前，要先嚐過生命的味道才有資格入門吧！

吃桌的傻子

吃桌不是吃桌子，是俗語，意思是出席宴會。

近年來這種吃的宴會，可避則避之，可退則退之。

避是完全不去，退是去了，三道菜以後告退。

無論是自己出紅包去出席的宴會，或者是根本不必花錢去白吃的宴會，都一樣。

曾經參加斷食營的朋友告訴我，其實一個星期只要喝水，什麼也不必吃，人猶可存活。

我們都想像，一天不吃，就會餓死。沒有那麼容易。朋友的斷食經驗讓她非常肯定地，並嘲笑我們這些少一餐便整個人軟綿綿感覺呼吸已經很困難，當成大件事看待的人。

她的結論是我們平時吃得太多、太好、太豐富。

每一餐都過量，對身體健康反而無益。減少吃的份量，才是長壽之道。

但在宴會上，往往看見許多拼命的人，無論拿出來的是豬魚菜雞鴨蝦，一概狼吞虎嚥不放過，連酒也一杯接一杯，毫不節制。

有一回，坐在旁邊的朋友好意地說，你不要客氣呀，吃啦吃啦。

我說，我已經吃了。

他還是一直叫一直叫，你真傻，又不用自己出錢的東西還不吃。

我說，你才是傻，人家不過出錢罷了，幹嘛我要出性命？

有理的瘦食

從前是胖的，現在是瘦的。有點後悔沒有去拍幾張「減肥前，減肥後」的形象照片，這樣和新識友人說起話來，可以作為證明，許多朋友，比如力求上進，任何藝術創作都堅持學習的越秀就堅持，認識你以來，你一直是瘦的。

早年的老友，就清楚我曾經超重。因此見面時她們追問，到底你近來吃些什麼？因為她們覺得奇怪。通常小姐是瘦的，太太是胖的，尤其是上了中年以後。

我把從書上看到，然後跟著實踐的「基本」食譜背出來：「少肉、少油、少鹽，多菜、多水果。」

「這樣簡單？」沒有一個人相信。「說笑啦你。」

「真的，」我強調。「三十歲那年就開始。」

沒有人理我。

接下去，她們繼續忙碌地互相提供資訊：

「三條路的福建蝦麵、汕頭街的油條、洗布橋的鴨肉粿條湯、阿依淡的潮洲果汁、阿依淡橋頭的咖哩麵、皇帝街的飛餅、皇后街的印度咖哩魚、發林陽光的燒雞翅、書店街的蚵仔煎……」

同學會結束之前，大家要走了，她們給我留下一句話：「告訴你，會肥的話，吃什麼會瘦的食物都會肥的，至於瘦的人，吃什麼都會瘦的。」

如果說群眾言論是少數服從多數，你一個人，能夠說這句話沒道理嗎？

淡食才是素

朋友素食多年，最近檢查身體，得知膽固醇過高，心臟也出了點小毛病，不相信，再次檢驗，報告還是有違他所願。

他不服氣，且不甘願：「已經素食好幾年，怎麼可能？」開始抱怨：「沒得吃肉，沒得吃雞，沒得吃海鮮，還吃出一身病？」氣憤之餘，作了更換飲食習慣的決定：「要是這樣，不如回頭去吃葷。」

本是美好的憧憬，居然化為泡影，叫他失望透頂。

許多人選擇從葷轉素，為健康，能有這種醒覺是好的，卻在長期素食後，發現健康不如己意，只如日落西山，漸漸往下墜。

朋友生氣別人給予錯誤資訊：「還說吃素會瘦，會更健康，都是騙人的。」

也許應該仔細考量，到底怎麼吃，才叫「健康的素食」？

朋友的素食，確實不吃肉不吃魚，他喜歡的素食列表如下：素燒鴨、素炸雞、素煎蝦球、素的炸雲吞和乾煎素火腿等等，大多是又香又脆的油炸食品，而且，吃這些食物時，他還喜歡沾醬油或佐以其他醬料，「比較可口呀！」他說。「不然吃不下飯。」

青菜和豆腐，清蒸或白煮的菜餚，不在他每日三餐的食譜之內。朋友所謂的素食，雖言素，而不清淡，甚至有調味品過量的趨勢，倘若繼續照這般吃法，嚮往中的健康只有越離越遠。

究其實，素食應是淡食。

選擇我的粥

如果說從生活小節可以看得出一個人的性格的話，那麼我就是一個很容易被人說服的人。

（意思就是缺乏強烈的個性，毫無主見，類似牆頭草。）

朋友若與我說這道菜那種糕點很好吃，我馬上就產生想要去嘗試一下的念頭，倒不是急著要反對朋友或者是想要討他歡心去附和他，只是性格太模糊。

不像我認識的陳。

你說什麼東西好吃，他全不往心上擱，都與他無關似的。

他只吃他自己習慣的食物。嚐新對他來說，太遠了。

「萬一吃到不好吃的呢？」這是他的擔憂。

「可能有更好吃的呢？」這是充滿希望的我。

有一天和他一起在酒店吃早餐，是自助式的，排得密密麻麻的食物，選擇很多。

只見他別無二心，沒像我那樣兜來轉去的，試著去尋覓好吃的、或者是特別的、或者是新鮮少見的食物。

「為什麼沒看一看別的呢？」問他。

「不必了，無論有什麼，對我都一樣，我照舊選擇我的粥。」

你可以不贊成他的古板守舊，但你不能夠不佩服他的心無旁騖。

豆腐是生命

有位作家說：「中國最好吃的食物是豆腐。」

豆腐的性格很得人疼。它是非常隨和的，無論你煮什麼，它都可以和在一塊。甜的可作豆花、鹹的是紅燒、辣的是麻婆，還有和苦瓜一起炒，或用它煮湯，或加入咖哩，或蒸魚，都極好吃。

有個原籍福建莆田的朋友鄭桂珠，特別喜歡鯉乾煮豆腐，認為是天下第一美味。下回若有機會，倒要嚐一嚐冠軍豆腐的味道。

說到豆腐，想起一個關於豆腐的笑話。

從前有個人說他很愛吃豆腐：「豆腐是我的生命。」這句話成了他的名言，每個朋友都知道他視豆腐如命。所以請他吃飯的時候，飯桌上一定有豆腐這道菜。

一回，又有人請他吃飯。桌上除了他視為生命的豆腐之外，主人還煮了一隻雞。

他坐下來，主人說：「請不要客氣。」

他於是毫不客氣，舉筷就把雞腿吃了，接著，另一個雞腿也到了他的碗裡，還沒吃完，他竟又把雞翅膀也挾過來，主人實在忍不住了，就提醒他：「哪，這裡還有一碗你喜歡吃的豆腐。」

他點頭，又把最後一個雞翅膀也「照殺不誤」。

主人終於忍無可忍，提問：「你不是說豆腐是你的生命嗎？」

「沒錯。」他回答：「但是，一看見雞肉，我就連生命也不要了。」

吃飯的高手

對那些每一餐非吃飯的朋友，我們笑稱「飯桶」。和幾個朋友聊天時，提到吃飯這回事，原來當天相聚一塊的，湊巧得很，全都有資格上「飯桶」排行榜的名單。

被魯迅毫不避嫌地選為中國最優秀的散文作家周作人說：「根本是一樣的，都是穀食，米和麥實在是所差無幾，不過是在製法上的差異，一個是一整粒的煮，一個是磨了粉再來蒸烤。」他認為飯和麵包，只是製作方法影響吃法的不同，一是用刀叉，一是用筷子。

可是喜歡吃飯的人，卻不願意認同這麼簡單的二分法。況且今天的人，無論吃飯或麵包，筷子早就已經束之高閣，不用多時。大部分人吃麵包不用筷子，也不用刀叉，追求速度，都用手，吃飯則改以匙叉較方便。

「飯和麵包，怎麼會一樣呢？真是不同的。」李頓一頓，又說。「不知如何說，但你吃過，就知道。」

味道這感覺，用語言或文字來形容或解釋，彷彿在考驗人的文句組織能力，有時候難度確實高了些。自己親口嚐一嚐，箇中究竟是什麼滋味，一清二楚分辨分明。

「起碼一天要有一餐飯嘛。」顏的口氣是自我降低要求的無限委屈。「什麼麵包、比薩、熱狗、意大利粉都不比米飯實實在在呀。」

曾經到英國去參加孩子的畢業典禮，順便在那兒旅遊兩個星期的她，有肚子整日不進一粒米飯的深刻體會。「沒有飯，無論吃了多少東西，老是覺得吃不飽的樣子。」

中國人對米飯有情意結。鄭板橋以難得糊塗出名，但講到米飯，他卻神清而情深地歌頌：「天寒冰凍時，窮親戚朋友到門，先泡一大碗炒米送手中，佐以醬薑一碟，最是暖老溫貧之具。暇日噉碎米飯，煮糊塗粥，雙手捧碗，縮頸而啜之！霜晨雪早，得此周身俱暖。嗟乎！嗟乎！吾其長為農夫以沒世乎！」

米飯是主角，作為配角的菜，並不重要。認為麵包和飯基本上是差不多一樣的周作人在〈三頓飯〉一文裡提到他們「鄉下（他們是紹興人）每天必吃三頓飯，每頓飯必現煮，對飯真是熱心。」而且「這三頓只重在飯而已，至於下飯那並不著重」。重飯不重菜，才是真正的愛吃飯吧。

現代主婦推崇吃麵包，不一定是真的愛上洋食物，多是為了方便和節省時間，要是遇到三頓都要吃飯，又都要現煮的長輩住在一起，頭會痛呢。

我卻是一個被味覺控制胃口的人。

任何餐點時間，讓我聞到麵包香味，我就會想吃麵包，嗅到米飯的香氣，又垂涎米飯的可口。說好聽是隨和，難聽則是沒有原則。

後來仔細思考一下，愛的其實是那種熱熱的味道。冷冷的飯、冷冷的菜，像走味的香水，嗅起來怪怪的。許多東西都是熱的比較令人難忘，像熱情的朋友總是常記在心頭上的名字。

更重要的還是要有時間好好的吃。

華人見華人，首一句問候是「吃過飯了嗎？」倘若每一餐都可以緩緩地細咀慢嚼，用心品味，那才可以說是吃過飯了。

學者作家們最喜歡的學者作家錢鍾書講到吃飯，一貫是嘲嘰式地，他說：「吃飯有時很像結婚，名義上最主要的東西，其實往往是附屬品，吃講究的飯事實上只是吃菜。」

台灣詩人周夢蝶，聽說他吃飯速度極慢，有時吃一餐飯要花兩個多小時。有一次作家林清玄看見了，忍不住問：「你吃飯為什麼那麼慢？」周夢蝶說：「如果我不這樣吃，怎麼知道這一粒米與下一粒米的滋味有什麼不同？」

天呀！如此死心眼的周夢蝶，吃飯對他而言，就是專心一志地吃米飯，那和錢鍾書的說法不是正好相悖了嗎？

我終於明白為什麼餐餐非吃飯不可的人會被叫飯桶了，只是為了充饑吃飽，並不是真正懂得吃飯。

除了寫禪詩外，周夢蝶還是吃飯的箇中高手。

外國人不吃飯，卻有一篇關於請客的妙文章。

「我們吃了人家的飯應該有多少天不在背後說主人的壞話，時間的長短按照飯菜的質量而定，所以做人應當多多請客吃飯，並且吃好飯，以增進朋友間的感情，減少仇敵的毀謗。」

這位外國人，又是另一種吃飯的高手。

要是時常有人在你背後嚼舌根子，道你的長短，勸告你要考慮一下，以後有機會和朋友一起吃飯，不妨多叫幾道名貴罕有的山珍海味，再加精緻可口的點心甜品，然後，待大家吃飽，你，記得去付錢呀！

年齡的見證

首次見人吃這東西，覺得真奇怪，那麼臭那麼怪味道的食品，他們一小口一小口吃著，很慢，似乎在品味，臉上的表情彷彿非常滋味無窮的樣子，享受極了。

那個時候我大概是六歲吧。我是個沒有童年記憶的人，據說這種人一生都無知，本來有人說是天真，但我認為那是過美的形容詞，對笨人不可用，不然只會叫他沾沾自喜，更不求上進。

那些吃的人，年齡大概是四十歲以上的老人。叫他們老人，因為六歲的時候，看三十歲的人，已經老如朽木了。

看著，看著，居然聰明地得一結論，「那是老人才吃的吧。」

笨雖笨，這一點倒是離對的也不遠。

三十歲以後，腐乳果然成為我家中餐桌上的常菜。「常」字在這裡是日常和時常的意思。

不論是中國、台灣、日本產品，紅的白的，有殺錯沒放過。人家說紅的是用來煮菜，如做南乳扣肉或燜豬腳或燒排骨，或炒空心菜和蕃薯葉等，白的才是直接下飯或下粥用的。

一概嘗試。也用這煮，也用那下飯，皆津津有味。

據說腐乳的製作很不容易，程序繁，功夫多，最需要的是時間的發醇，而且時間越長越入味。

一天和年輕朋友吃粥，他捏鼻子問我：「為何老人喜歡吃這個？」方才驚覺，不知何時開始，我已經比三十歲的老人還更老了。

原來腐乳是年齡的見證。

吃出情意

時代的鹹魚

大約十多年前在臺北認識許世旭，他是非常有趣的韓國作家，說話很大聲，好酒而且爽朗。對他的印象正如他的一篇文章，唯讀過一次，無法忘記。

五十年代戰亂時期，在韓國他的老家，位於窮鄉僻壤，仍不斷有客自遠方來。因為家裡太窮，招待客人的只有鹽飯。（照字面解釋，大概是加了鹽的飯。）有時候是一碗大麥飯、一碗冷水，或是一點豆醬加一碟青辣椒。有一天，餐桌上多了一塊鹹魚，他說這可是家中少有的事。然而，當餐桌撤下來時，那塊鹹魚原封不動。因為客人推給主人，主人又推給客人。那一塊鹹魚，在主客相互禮讓的情況下，一直沒人動筷。結果每當有客人上門時，同一塊鹹魚就出現在餐桌上，最後，那鹹魚變得乾、硬、黑，像一塊石頭。許世旭說這可是一塊讓他流了多少口水的石頭鹹魚哪！

年輕一代聽我說起這故事，他們的反應如下：

「什麼笑話嘛？哪有人窮成這個樣子？」

「鹹魚？難怪沒人要，都不好吃的。」

「鹹魚？致癌的，幸好他沒吃。」

中年的我們，看見的是鹹魚後面的溫情。多麼有禮貌的一家人，對待客人真心誠意，自己也捨不得吃的鹹魚，拿來招待客人。

今天好吃的東西太多，招待客人已經不再用鹹魚，不過，待客的食物並不是那麼重要，客人更期待的是主人的那份真心誠意。

香蕉牛奶的自由

電郵上寫著：「每天喝香蕉牛奶，可以減肥，又不失營養。」是小女兒魚簡寄來的。「現在我每天都喝香蕉牛奶。」

我打電話問老大菲爾：「她買了果汁機嗎？」

「哪有？她那個吝嗇婆，每天用湯匙攪爛香蕉，再加牛奶喝下去。」

我再問：「她知道她從前每天喝香蕉牛奶嗎？」

「還說。」老大抗議：「我小的時候都沒給我喝，造成今天又矮又小。」

她忘記是她自己向來不喜歡吃香蕉這回事。

十八年前，當我知道香蕉牛奶的營養成份以後，小女兒每天都享受一至兩杯這美味可口的飲料。

身材長得比姐姐還高很多的她，應該歸功於香蕉牛奶。

「看來，」老大說：「我也要喝香蕉牛奶。」

懷著歉疚的心，後悔從前沒有強迫她每天非喝不可，買了一臺果汁機送她。以後要告訴新任父母，有時候不要給孩子太多的自由，以免他們長大後反而會埋怨你。

乳酪蛋糕的友情

第一次吃「秘密食譜」的乳酪蛋糕，是美玲帶去的。

美玲是我的老同學，我們在中學畢業後分開，各人朝不同方向的路走去。

重新相遇時，計算一下，中間相隔了二十五年。

二十五年的時間，足夠讓一個零歲的嬰兒，長成具有投票權的成人。漫長的人生旅途中，她去了兩個國家，拿了兩個學位，然後回來，工作，結婚，生子；為了孩子的成長，她寧願辭去工作，在家當快樂主婦。

歲月的風霜絲毫沒有在她臉上和心上留下痕跡，再見的時候，她和從前完全沒兩樣，不只是外表樣貌，還有那份單純、以及對待朋友的真誠和善良。

我不禁要感激自己長年在寫作，她是從一本雜誌主編那兒拿到我地址，寫信給我，使這一份原本以為已經斷失的友情，得以連接並且繼續延伸。

重逢的喜悅難以言喻，因為我遇到了一個最懂得好友的定義的朋友。無論有什麼好東西，她都帶著分享的心理，把美好的一切分給朋友。

乳酪蛋糕是她的至愛，「全乳酪，配咖啡，天下美味。」她告訴我，因此要我也嚐嚐這味道。

「因為如果和朋友一起享用，滋味更加可口。」這是美玲的人生哲學。是她，教會我如何做一個朋友。

情意茶

我喜歡喝茶。

一個人喜歡做什麼，在平日言談間不需要刻意流露，很自然地就會將它掛在嘴上或表現在生活舉止上。一如我們喜歡的朋友，總要把他介紹給另一個好朋友相識的同樣一種分享心態。於是許多關懷和體貼的朋友和讀者，十分容易從我的說話，演講和文章當中，曉得我嗜愛喝茶。

有人說「嗜」是一種病，有人卻直截了當說就是中毒甚深的意思。我不理是病還是中毒，每天非喝茶不可，宛若和愛人見面，不僅只是如隔三秋的牽掛，如果一天不見，一天就會思思念念。

世俗生活裡免不了有粗糙的一面，還有小小的煩惱和淺淺的憂慮，感受或接觸到這些令心情沒法平和的浮躁事項，情緒因此轉成不良。當不愉快前來侵襲，沉鬱苦澀，失望流淚時，頻頻勸告自己不要焦慮，不要急躁，也不要去抗拒，該做的是學習放下。放下手上的工作，放下心裡的牽掛，什麼也不做，純粹泡一壺茶，坐下來，靜靜地，深呼吸，調整思緒，一切一切，姑且稍待，先喝杯茶，再說。

雖然妙玉在《紅樓夢》裡說得分明：「一杯為品，二杯即是解渴的蠢物，三杯便是飲牛飲騾了。」不過，當你攜帶著閒情和逸致，一壺茶慢慢地喝完以後，很多懸宕於心的事情，就變得不需那樣執著，很多曲折的心情都可以恢複正常，很多本來不快樂的心事，在熱茶的氤氳香氣裡，漸漸，漸漸飄開了去。

我是一個幸運的人。往往和讀者見面，或者是去演講，或者是朋友相約喝茶時，他們都知我甚深地，給我帶來不同的茶葉當禮物。朋友、讀者對我的好，除了銘記於心，常常有無以回報的感動。

家裡長年都有好茶葉，卻不以茶葉的名稱來稱呼。客人來了，泡茶請他喝，客人會分辨，這是茉莉花茶，這是普洱，這是鐵觀音，這是凍頂烏龍、這是黃金桂……。不過，我們家人卻不以茶的種類來分別，對客人笑著介紹，這罐是國民茶、今天泡的是陳家茶、淺綠顏色的是秋光玲琦茶、味道清淡的是通易喜珠茶、茉莉花香味的是越秀茶、黑得發紅的是曉民茶、入口回甘的是可達秀娣茶、苦瓜香味的是金獅美玲茶……我們以人名來分類，因為啜茶當時，總要想起朋友對我們的一番款款深情。

已經有許多年都毋需自己買茶。種種名茶，列隊式地儲在櫥裡，每天沖泡，品嚐的，全是朋友從外國辛苦提回來，甚至是他們自己捨不得喝，卻大方地轉贈與我們的「情意茶」。

生命的旅途中若遇到大雪紛飛時，有杯熱茶撫慰潤澤，感覺畢竟不同。

喝著好朋友的茶，想著好朋友的人，心滿意足。人生中若是沒有朋友，就像沒有茶，那日子有多難過呀！缺乏友情來溫熱滋潤的人生，不僅是單調無味，根本就沒啥意思。

鍾情麵包

小女兒魚簡是麵包癡。無論到哪裡旅遊，她一下旅遊車，就到處買麵包。因為這樣，「居然」在旅遊團裡出名，成了「那個愛麵包的小女孩」。

她對麵包的鍾情和她的媽媽一樣，「有遺傳嘛」！因此她以為到洋人國家念書，沒飯吃是小事一樁。最近到法國旅行，回到英國，電郵上寫：「天呀！每天吃棒子麵包，現在一看見那長條棒子就退後。沒法子，全法國最便宜的食物呀！」但不要以為她從此放棄麵包，別的種類，她照樣吃的。

法國人有句諺語，形容等待的心情：「彷彿一日無麵包般難熬」。可見得麵包在法國人心中的地位是多麼特出和重要。有人說「三片抹了厚牛油的麵包和一杯紅酒」對法國人來說是幸福的基本定義。

大馬人對麵包比較沒那麼深的情意結。也許選擇太多了。有個中國人羨慕，你們大馬人單是早餐就夠多元化的了。一包馬來人的NASILEMAK（椰漿飯），一塊印度人煎餅，外加華人的油條和洋人的咖啡，還需要麵包嗎？

對於一個懶惰的主婦，麵包還是有存在價值的。兩片麵包塗果醬，或者是夾片乳酪，已經是一頓豐富的早餐，甚至午餐，太方便了。

所以我很喜歡麵包。

香蕉朋友

多年前在雜誌上讀到，香蕉中含有一種物質名叫生物鹼，可以振奮精神和提高信心，除此之外，它還擁有大量的色胺酸和維生素B6，多吃的話，人的心理壓力會逐漸減低，情緒易保持平和，並且逐漸變得樂觀。

吃東西是否需要吃得如此功利主義？一知道對身體好，天天都吃。不是不是。

做人做到這樣現實，無論何事皆心存目的，會令朋友失望。

幾乎每天吃香蕉，貪的是購買容易，到處皆有，二是吃食方便。不比榴槤，先得等等季節，然後尋找，如果堅持非要特色品種，可能越州過府方覓得。

有人說辛苦才會珍惜，難得才感覺寶貴。非也非也，重要的還是看那東西是不是你之所愛。況且要吃之前，還需靠人幫忙，那一層全是尖刺的外殼，具有一種高傲的，冷淡的，拒絕人的姿態，極端缺乏親和力。

有人喜歡弄吃的，花很長時間，搞一個什麼菜式出來，然後慢慢吃、細細品味，覺得人生不外如是，於是非常滿足。

懶惰在飲食上花時間、費心思去搞花樣的人，無論吃什麼，包括水果，都選簡單易得且容易處理的。

香蕉是這樣子漸漸得寵的。

因為有皮，又不必動刀去削，就算人在路上，沒有乾淨的水洗手也無妨，照樣可吃，是旅遊時候最貼心的水果。

本來只是自己心中的想法，一回被作家朋友寫成文章公佈在報上，結果，遇到好多喜歡讀報的朋友，紛紛請我吃香蕉，甚至把香蕉當手信送到家裡來。

哈哈，有朋友實在好。

會做的菜

真奇怪，會吃的菜很多，會做的菜，正好相反，極少。

烹飪這門技術，需要時間的培訓，時常反覆訓練，手藝就會越來越精湛。

假如長期不進廚房，或者人到廚房，卻沒動手燒菜，日子久了，跟著「疏」而來的是「遠」，越遠手藝就越差，不必到最後，可以預見的結局，是技術消失。

從前花錢交學費去上課，什麼法國麵包、歐洲蛋糕、大馬咖哩卜、檳城豆沙餅、還有中國菜等等，沒有一樣可以難倒我。當時很驕傲，很愛炫，時常做了到處分、到處送，成天請人到家裡來聚會吃東西。

烹飪、做菜、做餅、做糕，其實都不難，難的是時間。時間就是這樣多，非常無奈。你要是用在這裡，就得犧牲那裡，考慮良久，最後的選擇，放棄佔有廚房。

對於一個愛在廚房裡摸弄糕餅、烹燒菜餚的人，遠離嗜好實在是令人難過的事。

時光走過，今天會做的菜，也是有的。比如白煮青菜、清蒸魚、清蒸蝦、清蒸豆腐、煎豆腐、清炒菜、燉湯、燜苦瓜。

這些菜有兩個特點，一是時間特快，二是時間特長。

特快的是要吃前才開爐即煮，特長的是，早早放進慢鍋裡慢慢燉燜。全是為了方便自己工作。

我的朋友黃秀琴從關丹到訪，在我家裡住幾天，然後驚異地告訴我一個她的發現：「原來你也要做家事的。」

是的，許多人的想像中，作家是什麼也不必做，睡醒就寫文章。真正的現實都不如想像。其實作家不只會做家事，還因為要簡化生活，有更多時間寫稿，結果還「發明」了簡單容易的煮菜方式。

曾經奶油麵包

每天要吃一個奶油麵包。

像做功課一樣，沒做感覺不對。吃奶油麵包也一樣，一天沒吃，心裡上出現功課尚未完成的牽掛，就算到了深夜，也要到廚房裡，開冰箱找一個出來。在烤箱熱一下，細咬慢嚼，唔唔，甘願了。

一個人在瘋狂地沉迷於一件事，一樣東西，或者一個人的時候，他根本不曉得自己掉在陷阱裡。聽到有人好意來勸告，先以為人家妒忌，後認為那人太多管閒事。

吃了許久，一天突然被敲了頭那樣，猛地清醒。

似乎從一個長夢裡緩緩走出來，整個人有點恍惚有點迷離，回想，實在不相信自己居然為奶油麵包癡情那樣長的時日。

啊，真不想承認那個人是我。一個無法控制自己的人。

不過是個奶油麵包，便宜普通，印度人的麵包車就有，喚一聲便來了，不必到處尋覓。接著，倏忽又驚覺，那樣過甜過膩的麵包，根本不是自己平常的口味，為什麼會淪陷到如癡如醉的地步？

完全找不到原因。自己無法回答自己。

下次你遇到一個曾經沉迷的人，無論迷的是什麼，要是你問他，到底為何？相信他的答案和我同樣，只能對你笑。

蛋之愛

非常之愛吃蛋，如果讓我選食物之最，蛋排名第一。

無論白煮、清蒸、配不同的材料炒芙蓉蛋，或炒飯、炒米粉，或荷包蛋，或蛋花湯，皆深得我心。

吃包子的時候，無意中發現，餡裡有半個蛋，如獲至寶，非必要，不肯分給其他人。

對蛋的偏心程度，達到了凡加入蛋的菜，就會變得特別香。

有一回到了中國鄉下，親人拿來一碗雞蛋甜湯，怎麼吃都吃不完，不是太甜，而是那個小小的碗裡，有蛋四粒。

看得清楚那確實是一碗熱烈歡迎貴客光臨的甜蛋湯。

若以份量計算，四粒也是吃得下的，不過被醫學報告嚇壞了。遵照醫學報告，年紀和蛋彷彿有仇，年齡越大，吃的蛋得越少。雖然蛋白不算在內，不過，蛋黃卻要特別小心。

這份報告令愛蛋的人失望極了。本來愛吃蛋，可以餐餐吃，因為便宜又好吃，而且烹煮和吃起來都不麻煩，偏偏人生不如意事，十常八九。

愛蛋，連帶地對蛋的故事也格外留意。

清朝有個姓黃的富鹽商，每天早上吃兩個蛋。一天他無意中在帳簿上看見廚子竟然把每個蛋算一兩銀子，生氣地把他辭掉。過後他發現，每天早上吃的那兩個蛋的味道走了樣，只好把廚師請回來請教。廚師說：「小人家中養了一百隻母雞，每天餵他們的飼料，滲入人參、白術、黃耆、紅棗等粉末，所以它們生的蛋，味道不一樣。」哇！這樣的蛋，味道不僅不同，還應該比平常的蛋更滋補營養吧。

原來蛋也分窮人蛋和富人蛋。

阻止荷包蛋

真是奇怪的事，當我看見荷包蛋的時候，上面好像印着三個字，叫做「真好吃」。

出門在外，住酒店的早餐倘若是自助餐式的，就算有鮑魚生蠔由人自選，也一定要找那個在煎蛋的人，「請為我煎個荷包蛋。」

往往排著長隊，甘願等待。

樂意等而且高興有那麼多同好者，原來不只我一人中意荷包蛋。

白色的蛋白包著黃色的蛋黃，多麼簡單又容易做的菜，卻充滿誘惑力，無法抵抗，不要讓我看到，不然沒有一次不投降。

可以配麵包、白粥、炒米粉、清湯煮麵、白米飯等等，都無比可口。

如果給我很多選擇，雞豬羊鴨魚蝦，不必了，都不要，我的首選是蛋，荷包蛋。

要是每天每餐都有荷包蛋，一再重複，沒關係，開心接受，不會反胃。

可惜，喜歡的，總是沒有機會獲得。

不是名貴到買不起，不是難以找到的稀罕，只是身體不允許。

為了健康，這四個字變成最強大的阻止力量。

兒時的龍眼

小朋友們都喜歡喜宴的最後一道甜品。不信可做調查。

新菜式中，甜品變化無窮，多姿多采。杏仁豆腐、紅豆餡餅、蜜瓜西米露、椰漿綠豆、白果蓮子等等。

不過，許多人仍然想念他們當小朋友時的那碗龍眼糖水。

三十年前，龍眼是進口且日常少見的水果，新鮮的尤其不容易找到，想吃的話，只好開罐頭。

由於價錢頗為高昂，僅在過年時候，才有機會品嚐。

龍眼罐頭鮮少上自家餐桌，上了，也多是為客人而準備，唯有待客人走了，碗裡若尚餘數粒，才是屬於自己的。

少見便成珍貴，少吃味道格外好，於是懷念特別多。

自家少備有，宴會上倒肯定會遇到，因此非吃完最後一道甜品，不捨回家。

也許太愛了，有時候竟會夢到，在夢中出現的龍眼糖水，每次一撈起來，還沒放進口裡，美夢便醒來。真氣自己手腳為何那麼慢，發誓下次要吃了以後才醒。

慨歎，總是吃不著。

後來，漸漸普遍。市場到處可見，就連宴會時候，捧出龍眼糖水也不討好，酒家不得不想辦法換花樣。

現在隨時隨地可打開一罐龍眼糖水，牌子多得眼花繚亂，有一些做得清脆可口極了。只是不曉得為什麼，沒有一罐是小時候的那個味道。

迷路的麵條

喜歡吃麵條的朋友很多，卻是後來才知道的。和幾個朋友一起旅遊，吃飯時間到了，大家異口同聲選擇麵條作為主食。

吃著麵條說麵條，各有各精彩。其中一個說他最懷念的是在廈門大學門口那條街——就叫廈大一條街——吃過的蘭州拉麵。但他完全沒有形容它的好吃是如何怎麼樣的，一而再地提起的反而是那拉麵店桌上，那罐配著拉麵吃的辣椒油。這是一則喧賓奪主的麵條故事。

也有朋友難忘在日本餐廳吃的蕎麥麵條。她說吃在嘴裡似乎略嫌粗糙，不過口感很好。想來在各種畫種中，她也許會愛上質感頗強的油畫吧。

大部分人都喜歡較韌較Q的麵條，對於那種一咬就斷的太軟或過硬的麵條棄之不顧，可見得各人的喜好雖然不同，但好吃的東西一般人照樣可以接受。

說來說去，大家嘴裡全是曾經吃過，然後非常喜歡的那一碗麵。我卻突然想到，一回在香港，原是一團人一起購物，走一走，竟然走失，自己一人迷路了。不過並不擔心，半桶水的廣東話尚可溝通，身上又帶著酒店的卡片。踅個彎，見僅有半間店面的麵條店，窄窄的，幾張桌子，人不多。好奇坐下，喚一碗麵，據說在香港你絕對不會吃到難吃的東西。結果發現，那是一碗與眾不同的麵條，到最後都沒有吃完。吃不完，感覺上，每一口都在吃蠔油。

於是，羨慕著人人口裡的麵條，它們不約而同，竟都那樣美味可口。

日後在迷路的時候，記得不要吃麵條。

媽媽的麵線糊

到了英國，女兒居然笑著說，我以為你會帶麵線給我。

害我到今天還耿耿於懷，到處問有人去英國嗎？想託人帶過去。這種不可能的事也做，只有當媽媽的人才明白媽媽的心。

要去找她之前，在電腦網路的信上，頻頻追問要帶什麼，她的回答是什麼都不要，英國什麼都有，唐人街的商店多得很。

結果才到機場，她就來這一句。

原來她怕媽媽老人家帶不動還硬撐著提一大堆東西，因此什麼都不要。事實上她想念家鄉味道想得不得了。

在外國住久了，都是這樣的。她說，嘴饞得很。

麵線好像是福建人才喜歡的。我們家過年初一就吃麵線。以前通常是加雞湯或豬肚排骨胡椒湯等等，一定有兩粒雞蛋。後來父母在初一、十五吃素，於是全家人就跟著改吃素的青菜香菇麵線糊。

不太清楚媽媽怎麼煮，照她說起來很容易，我曾經試著做過幾次，結果是可以寫一本《完全失敗手冊》。

我煮麵線，湯是湯，麵線是麵線，兩種都分開處理，吃的時候才把湯淋到麵線裡。但是媽媽的方法，卻是把麵線放進湯裡去，類似在台灣吃過的路邊小食麵線糊。有人看見，可能覺得怪，因為糊糊的，賣相不是挺漂亮，不過，要吃一碗道地的麵線糊，還真不容易。外邊不見人售賣，只有待大年初一，到媽媽家去。

不是我一個人愛，弟弟妹妹都喜歡，再加我們的下一代。

媽媽的麵線糊因此越煮越大鍋，因為所有的媽媽都擔心孩子吃得不夠飽。

紅酒麵線的垂涎

十多年前，紅酒線麵對我而言是新奇食物。

現在很多新識朋友都以為我下廚本領很差，其實不過是缺乏訓練。想二十年前我可是交了學費去上課。還以做蛋糕、麵包和煮咖哩雞及做沙嗲的好吃出名。後來，發現自己情另有所鍾，轉為只看食譜和負責吃的人，惟有在重要時候才下廚。

奇怪的是，買的食譜多得很，中港台和外國進口的都不放過，卻沒看見紅酒麵線這道菜。

於夕眺灣初次聽到紅酒線麵。明白什麼是麵線，父母家裡，每年農曆初一大清早，人人都有得吃的那碗就是；但紅酒，還以為是每夜一小杯，對心臟有益的紅葡萄酒。

首次聽聞，是一個朋友做月子，給她送禮。她的婆婆硬要盛一碗給我。我很好奇地看著紅酒線麵上躺著一個雞腿，還有一個蛋，肚子就咕嚕一聲，兩個小時前才吃午餐的我，應該不餓才是呀！但轉念一想，這一碗是朋友做月子要吃補的，做為朋友的我，怎麼可以因為看起來好吃就把它吃掉？

結果那天表現得非常有風度，只嗅過紅酒麵線的味道。後來才曉得，本地福州人的風俗，凡送禮給產婦和新生嬰兒，就有紅酒麵線吃。這是一份祝福的回禮。

我那一番好意的客氣倒變成是不禮貌的反應！

唉，沒問清楚就不應該出門。害我對紅酒麵線的垂涎，一直到另一次福州朋友再生小孩時，才得以補償。

又原來，福州人不待家裡有人做月子才煮紅酒麵線，平常高興時候，就買隻土雞，加老薑塊或切片狀，爆香後，加紅酒和水，燉它三個小時，香味蒸騰四溢，人家來到門口就知道你家廚房裡的砂煲在煮著什麼東西。

現在吃到紅酒麵線的機會，還是非常稀罕，因為自稱學過廚藝的人，家裡平常都沒有什麼重要日子，所以仍然極少下廚。

紅豆相思

那年在武夷山，中國朋友送一條紅豆項鏈。

「讓你永遠想念這個美麗的地方。」多情的朋友說。

回來以後，另一個朋友知道，笑：「紅豆，吃下去，把想念放在肚子裡吧。」

此紅豆非彼紅豆。吃下項鏈紅豆，可能會中毒。另一種紅豆的相思不必吃，卻也同樣會中毒，只不過是以另類形而上式地顯現。

可吃的紅豆是營養食品。生在南國山上的紅豆卻是唐詩中「願君多採擷」的相思豆。相思，那不斷綿長延續的思念，甚至折磨人至死。

相思令人瘦，紅豆如果真有相思的功效，在這個以減肥為時髦的時代，人人都要改以紅豆代飯了。

日夜相見，帶來的是從此不再多思念，因此有人寧願相思。

不想相思，但喜歡紅豆，包括紅豆做的食品。以前吃豆沙包，見那餡料的油亮黑色，以為是黑豆製成，後來才知黑色的豆沙竟然是紅色的豆做出來的。顏色真是太神奇，調一調，就會變色，並且強烈得令人認不出原來的色彩，人的思想和感情，據說也是如此奇妙。

向來吃紅豆食品，都是甜的。小時候，不知人生是苦，特別喜歡甜食，其他味道都不想嚐，幻想（或期待）生命的味道永恆甜蜜可口，當年可能因如此而愛上紅豆。

漸漸，漸漸地，生活教我們領略到，原來，一生一世的甜蜜，是不可能的事。

好吃的甜品

奇怪，並不喜歡吃甜，但對甜品格外鍾情。紅豆沙、黃蕃薯、綠豆湯、黑糯米、白豆花、龍眼木耳、白果薏米……，都很愛。不只愛那些顏色，還愛吃。只是量極小，三五湯匙便足夠。

有時候路邊遇到煎年糕加芋頭，就算要等，也一定要買一塊來嚐嚐兩口。現代人的口號是「人生苦短，甜品先吃。」

吃飯的時候，心中掛著的是飯後甜點。若有最愛的那幾種，飯吃得特別久，因為想慢慢、細細去品嚐甜品的味道。要是沒時間，需要三兩口就得解決，那一餐寧願不吃甜品。

有一回看見一篇文章，提到周夢蝶愛甜的程度，喝咖啡要五、六湯匙的糖，連可樂也加糖。有個朋友說：「吃得很甜很甜，也是一種修行。」

同意這句話，凡是不容易做到的事，全是修行。

來到實兆遠，認識漢平夫婦，感情堪比自家兄弟，弟婦阿彥的烹飪手藝是一流的，甜湯特別香，後來才知道，她煮甜湯，多是以火炭，小火慢煮細熬多攪拌，才送過來的。

那樣花時間去煮，當然要花時間慢慢吃。
其實好吃的甜品不在甜，更可取的是香。
如果加入親情和友情的味道，最香。

慢餐

提到快餐，非常清楚那是什麼東西，說到慢餐，還是新名詞。前兩年意大利發起一個慢餐運動。想當然爾，那是快餐文化的反對者想出來的抵禦方式。

歐洲人向來對美國文化沒有好評，不願意接受的層面包括日常飲食。眾所周知，喜歡悠閒，步伐緩慢的歐洲人，非常排擠美國快餐。許多年長的歐洲人，甚至從來不推開快餐店的門走進去。

吃對忙碌的美國人來說，僅只填飽肚子便可。自認文化淵遠悠長，講究細緻精美的歐洲人卻不作如此想，每一餐他們都當成一種享受。一個早年到瑞士學舞蹈的朋友告訴我，美國快餐店到瑞士開張時，瑞士人群起抗議。

忘記問他最後的結果。

慢餐運動主張保存慢餐的文化，吃一餐為什麼要那樣匆忙緊張？他們還在市區中心建立慢餐區，別以為人人都喜歡快餐的方便，這時候便看見慢餐的擁護者還真不少，包括歐洲各中、小城市都有舉手贊成的市民，紛紛仿效。

我們這些吃一餐少一餐，上了年紀的人，當然認為慢慢吃是一種享受，但那些時間是金錢的年輕人，對快餐照舊情有獨鍾。

「幸好有快餐。」兩個女兒就是支持快餐的年輕人：「我們在歐洲時，專找快餐店。」快，可以讓她們有更多時間參觀多一些景點，「最重要的，還是省錢。」貨幣的兌換，一英鎊要馬幣七零吉，一塊歐元等於馬幣五令吉，「選便宜的吃，不然於心不安呀。」

窮學生旅遊的辛苦，聽了很同情，她們不以為然：「日後回憶，才好玩呢！」再說到慢餐文化，原來她們也是贊同的：「當然不喜歡天天吃快餐，回家，細嚼慢嚥，那才叫吃飯。」

年菜

所謂年菜，女兒小時候的形容如下：「把每一餐的主菜，在同一個時候擺出來，一直吃個不停。」

從前物質匱乏，只有過年過節，餐桌上才有比較名貴的食品。平時在家裡，一餐只弄一個大菜，大菜的意思是吃了感覺人會比較有重量的菜，也就是主菜。如有雞，便不煮鴨，或豬肉或大蝦或大魚等，僅擇其一。多年來已經習慣一餐只有一個主菜，其他搭配的都較清淡和簡單，如青菜、豆腐、蛋等。

因此女兒小時候喜歡過年，尤其到外婆家吃飯。鮑魚、海參、豬肚、元貝、雞鴨、魚蝦等等，讓她永遠吃不完，有一種豐足的快樂和幸福感覺。

但是，長大的女兒和其他少女沒有兩樣，皆對身上的贅肉恨之入骨。現在一到過年，看到年菜，每天都在減肥的少女馬上退避三舍。

再說到豐足的快樂和幸福，也要有比較。如今隨時都有炸雞腿、燒豬肉、大蝦和大魚，過年的「好菜」已經不再有吸引力，聽到外公建議要煮白粥，配鹹魚和菜脯煎蛋，居然一致歡呼聲說好好好。

瑞獻請吃魚

瑞獻曾經有句許多人都聽過的名言：「人生有四件大事，除了吃以外，其他三件我已經忘記。」難怪他一聽到我和小黑到新加坡，第一句話就說要請我們吃飯。

先到他家，詩人秦林帶我們去。他家在新加坡紅燈區，他一點也不介意，頭一句就告訴我們，「要找我很容易，這個地方很著名。」一點也不以為自己名氣大。

他的房子是我喜歡的，和我們家一樣亂。看到有空椅子趕快坐下，因為大多數的椅子擱著東西。地上牆邊，到處是書和畫，有一巨幅圖畫靠在牆上，鮮豔的黃色為底，非常奪目。還有顏料和調色盤、畫筆等等，有的在桌上，有的在地上，我看了真高興，在他家簡直賓至如歸。

後來他連衣服也沒換，一條半長半短的褲，一件普通上衣，一雙拖鞋，沒梳一下頭髮就走出家門說：走走走去吃飯。

把我們帶到他家附近的咖啡店，沒有冷氣的，人聲嘈雜，他說：「這裡有最好吃的魚頭。」

是清蒸的。擺很多蒜米、薑蓉，還有香菇，沒有放鹽的。「他們會拿來切片的紅辣椒，加醬清。」他說。

果然，不必吩咐。

「我是這裡的常客。」想也知道。而這一道菜，應該是讓他忘記其他三件重要的事的其中一個最愛吧！

時代的鹹粥

起初是女兒提起她舅媽的鹹粥，「是最好吃的。」原來她的舅媽煮的鹹粥，加入花生、雞蛋、豬肉丸子、皮蛋、蔥花等等作料。

「放這麼多料，當然是好吃啦。」外婆說。

說完外婆略有感觸：「現在年紀大了，吃的食物益發簡單，有時候，煮一把米，加一些蝦米、冬菜，就這樣，沒再加其他東西，也是一餐了。」

外公在一旁，邊聽邊搖頭，「有蝦米、有冬菜，怎麼可以說是沒有料？」

原來外公年輕的時候，「把白米加開水，再灑幾滴醬油，好啦，味道鹹鹹的，這才叫鹹粥。」

從外公、外婆和孫女兒的鹹粥加的作料裡邊，看到不同時代的生活水平。

社會的進步，人們的日子越過越好，食物越來越豐富，人的味覺變得更是挑剔苛刻。鮑魚粥、元貝粥、螃蟹海鮮粥等等，都不再稀罕難尋。

弔詭的是，近來許多中年朋友相約吃飯，大多數人的建議竟然不約而同是：「最想吃白粥配鹹魚或鹹蛋，不然，鹹菜或腐乳也可以。」

期待的甜食

聽說詩人周夢蝶喜歡甜食，喝可樂還要加糖。不要笑他，因為他有理由：「可以吃得很甜很甜，也是一種修行。」

那的確是。自從告別童年，吃得很甜很甜，變成困難的事。

（「愛吃甜有什麼不好？」女兒不明：「為什麼人一老就愛吃苦瓜？」她決定自己以後都不要喜歡吃苦瓜，避免變老。）

有人吃年糕，竟嫌不夠甜，灑一把糖。聽過周夢蝶的故事以後，看成他是在修行好了。

一天和朋友喝咖啡，她一次加三匙糖，並對我說：「正在減糖中，年紀大了，害怕健康不良。」

那「請問以前……？」

「五匙。」

這回你可五體投地了吧！

讀豐子愷，他說在火車上喚來了牛奶，加進三粒方糖，才發現侍者拿來時已經添入煉乳，怎麼辦呢？

多才多藝的豐子愷自有解決方案：「人生多苦，今天甜它一甜吧。」

事實上到今天還是戀戀甜食。每次出席宴會，最期待的是最後那道甜食，可惜的是，拿出來後，充滿希望地一看，往往最令人失望。

都可以茶

不論是什麼茶，都可以。
喝過名貴的茶，朋友說那價格比ＸＯ還更高昂。
小小的杯，啜一口，味香色美，入口後久久仍有餘韻。
有時候，到小茶店，泡一壺茶，叫不出名稱，是粗茶。
有些澀，口裡全是碎葉，甚至有點像已經收得太久的陳味。
許多年喝下來，一口茶便品得出好壞。但是，好茶壞茶，都沒關係。
日子也是如此，有時候是好日子，有時候是壞日子。你不能選擇，都要過。
朋友說好的茶，你試了，不是你的味道，也不反駁。
各人的好是不一樣的，你已經知道。
寒冷若你，茶將為之溫暖。
激憤若你，茶將為之安定。
沮喪若你，茶將為之開懷。
疲憊若你，茶將為之撫慰。
不論是什麼茶，喝的時候，把這首詩也喝下去，對茶的味道，便不會太苛求。

名落孫山的嗜魚者

「一隻魚只有兩隻眼睛。」

這是一句廢話。

但卻是某友針對我的問題的回答。

問題是：「為什麼你喜歡吃魚眼睛？」

當然覺得奇怪，因為魚眼睛並沒有肉，一點點的肉都沒有。

光是一對眼珠子很好吃嗎？

想不通。

「這樣你就不懂了。」他沒有多加解釋。

恐怕是擔心懂的人多了，他就沒有機會自己享受魚眼睛了吧。

一起吃飯時，魚一上桌，他的筷子馬上去挑魚眼睛：「魚全身最好吃的部分，就是眼睛。」

然後他嘴巴就發出嘖嘖嘖，彷彿是魚的眼珠子在他嘴裡滾動的聲音。

另一個朋友恰好相反：「我喜歡吃魚，但是不要給我看到魚眼睛。」

他說那「慘白的眼睛」會影響他吃魚的愉悅。

他也是吃得嘖嘖嘖作響，然後吐出來的，是魚的一整條排骨。

目瞪口呆的我，本來以為我很愛吃魚，很會吃魚，遇到他們兩個，我終於才知道，名落孫山是怎麼樣的一副心情。

收攤

有時候我懷疑自己不懂得吃。時常在書上讀作家文人寫吃，讀的時候，口水都快流出來了，垂涎三尺呀，可是，真的到了那個地方，按照文人書上特別推薦的，叫了來，吃著吃著，很用心去品味，卻怎麼也品不到文人說的味道。

我不能說文人多大話，可能是舊年代的文人也沒有什麼特別好吃的東西，尤其是點心類，因此吃到一點點美味，在感覺上就可口得不得了，加上妙筆可生花，於是，文人筆下的食品格外引人入勝。

像我自己，總在專欄裡說這好吃那可口，相信也有讀者依照我說的地方或者食譜或者做法，然後嚐到的卻不是那麼一回事。感覺是個人的，好不好其實非常主觀。

文人誤人，是常有的事。我寫「小說吃」，寫著寫著，竟然是最多讀者反應的一個專欄。朋友不必說，見面就請客，說我既寫「小說吃」，肯定好（念第四聲）吃。更多朋友見到我就引為知音，「我也很愛蕃薯粥，荷包蛋亦是我的第一選擇，和你一樣，對春捲、水餃我是百吃不厭」，因為有同樣的喜好，感情似乎加分了。也有不認識的讀者，一回在吉打州遇上，前來詢問是否朵拉，知道沒認錯，居然問我，在阿羅士打，哪裡的東西最好吃？他們來自威省，而他們不知我也是阿羅士打的陌生客，連路名都不認識一條。

令我意外的，還有讀者寄來、送來當地的土產，最多的是咖啡。「小說吃」的知音包括台灣報紙主編，讀了「小說吃」，說是非常喜歡，打算安排定期刊出，這也是「小說吃」的另一項意外收穫。

最感謝的是《星洲日報》星雲版，符頌勤先生，讓我「小說吃」了那麼久。同時也要感謝新加坡惠安公會謝福崧會長，《小說吃》曾獲新加坡惠安公會資助，在新出版。

【附錄】吃出文化品味

陶然

都說民以食為天，所謂飲食男女，吃吃喝喝，是理所當然的了。從現實生活來說，不吃不喝，不是凡間生活，只有神仙才能夠做得到。

但飲食雖然很重要，卻又有健康與不健康之分。有人說，凡是好吃的，都不健康。此話雖然極端了一些，卻也提醒我們留意「陷阱」。有緣在一些文學會議期間與朵拉同桌用餐，並不覺得她特別挑剔，但也感到她相當節制，據我所見，她雖然不完全避開魚肉，但明顯地主打青菜水果，以原汁原味為主；正如她說的：「可惜，喜歡的，總是沒有機會獲得。不是名貴到買不起，不是難以找到的稀罕，只是身體不允許。為了健康，這四個字變成最強大的阻止力量。」（〈阻止荷包蛋〉）

如果因此而以為她遠離廚房，那又是一種錯覺，她甚至曾經去交費學過廚藝；閱讀她這結集的專欄文章《小說吃・情意茶》，當會知道她頗懂得許多菜式，甚至如何烹調也如數家珍。當然如果僅止於此，最多也就是好廚師而已，但朵拉不同，在吃吃喝喝之外，她確實另有懷抱，她寫著寫著飲食，忽然筆調一轉，一個神來之筆，就引向別處風光，比方她寫〈芥末朋友〉，本來一路寫的是芥末，但臨收筆前來個急拐彎，「怎麼可以在那麼柔和的綠色裡，埋藏著嗆得人一把鼻涕一把眼淚的辛辣。彷彿遇到一個外表對你笑眯眯甚至說話時當你是非常親愛的朋友，卻是她在你背後插了你一刀。」這小小的感悟，已經把食物提升到哲理性的層次，讀者看到的哪裡僅是吃而已，簡直就是豐富的人生經驗談了！

如果說這是就芥末論芥末，引發出來的思辨的話，那末，〈遲到的蝦〉就更上一層樓了：餐廳的清蒸大蝦沒煮熟，需要回鍋再煮，「已經不是我們想像中的可口」，她因此有感而發：「想要得到的時候，各種主觀客觀因素，造成無法到手，只能遠遠地觀望，或是眼睜睜心酸酸地看著別人在表現那擁有的快樂和興奮。最後，可能你終於也得到了。只是，不知道為甚麼，失去了雀躍的心情・所有的一切，來得太遲，出現得太慢，都是一份缺憾。」人生不如意事十之八九，任何事情想要恰到好處地完美，談何容易?!這就需要timing剛剛好，遲了早了都無法玉成。我想，這當中隱含了朵拉極大的人生感悟。

專欄文章在短短的篇幅裡要寫成如此光景，並不容易。除了熟悉各種食物外，還須有引發開去的智慧，朵拉的《小說吃・情意茶》，表面上寫的是吃吃喝喝，實際上品味的是文化，是人生，是健康生活・寫來輕輕鬆鬆而又發人深思，難怪成為讀者反應最多的一個專欄，連台灣報紙主編也激賞，朵拉的小說吃，衝出馬來西亞，在台灣優遊了！

二〇〇九年八月二十五日，香港

*陶然，《香港文學》總編輯，香港作家聯會執行會長

【附錄】馬華作家朵拉印象記

黃明安

二〇〇二年冬季，我赴馬來西亞時，朵拉出了十六本書；二〇〇八年秋她到莆田參加文學節，已經出了三十本書。這些書，我所在的單位——莆田市文聯大都有受贈而存庫。她與莆田結緣始自雲里風先生。雲里風是莆田人，在家鄉設文學獎，從一九九四年開始，已頒獎十五屆。朵拉女士和她的先生小黑，經常陪同雲里風先生回鄉，參加文學頒獎，出席大會小會，在城鄉之間來回走。我作為主辦方的人，陪同左右，得睹風采，交流文學，自然獲益匪淺。我認識的朵拉，從馬華才女，著名作家，慢慢過度到一種朋友關係，真的是榮幸之至。

朵拉祖籍是莆田隔壁的惠安縣，那裡的女人在中國相當出名。「惠安女」是閩南女性的代表，她們祖祖輩輩以賢慧、堅忍、勇敢等品格著稱。有專門的形象服飾、文化品牌和地方效應。印象中，福建的畫家沒有幾個不畫過惠安女。她們的形象總是出現在美術、攝影、音樂和舞蹈等藝術領域。朵拉女士好像秉承了祖輩的這份精神，在華人密集的東南亞地區，以一枝筆行走天下，獲得了相當出色的成就。她是馬來西亞讀者選票評出的十大最受歡迎作家之一，作品翻譯成日文、馬來文等文字，多篇被改編成廣播劇在電臺播出。微型小說收入中國、美國、新加坡的大學教材、中學教材和當地國漢語學習教材。散文被馬來西亞獨立中學選為語文教輔教材。超過百篇作品收入中國、台灣、澳洲、菲律賓、泰國、香港、新加坡等地一百多種集子，國內外獲獎次數達三十次。應邀參加每一屆世界華文微型小說研討會，及世界各地華文文學研討會，在海外作家圈裡有較高的知名度。

朵拉的文學創作時間跨度很長，所涉及的題材相當廣泛：短篇小說，微型小說，散文隨筆，人物傳記等，哪一副筆墨，她用起來都輕車熟路，遊刃有餘。她是海外十餘家副刊的專欄作家。不同地方，不同報刊，所服務的讀者群不同，所要求的閱讀口味不同，朵拉她就像一位訓練有素的調酒師，用不同的語言液體，調製出美妙芬芳的雞尾酒，讓品嚐者讚歎。這種寫作傾向雖趨大眾流行，也造就她異常敏銳的藝術感覺。她創作的千字散文，內容廣泛，形式不拘，喜怒笑謔，皆成文章。她寫的專欄，世風人情，戀愛家庭，人生修養，勵志小品，雖粉面千秋，也能扣緊當代人的價值觀和道德觀。文章引發讀者的心裡共鳴，產生某種審美愉悅，自然得到讀者的喜愛。

最近，我讀到朵拉將出版的《小說吃・情意茶》部分章節，文章精短，一則只有三、五百字。一物一記，一事一議，不動聲色引人深思，幽默詼諧逗人發笑。這類文章離生活近，讀起來輕鬆快活。朵拉寫蘿蔔青菜、柴米油鹽之中，有人生真味。比如她寫「豆腐」寫出愛情觀，她寫「最好的茶」寫出友情真諦。她寫蛋、蛋炒飯、蕃薯粥、饅頭等，讓我讀來感覺親切。朵拉的短文不全是恬淡風格，她時有嘲諷的辛辣，時有影射的意味。雖沒有火氣，溫溫吞吞，卻有對世道人情直抵人心的批評和點撥。

朵拉的另一類作品，體現了她的寫作追求。《人行道上的鏡子》曾經讓許多人迷惑不解。朵拉還為它寫了《鏡子裡的女孩和鳥》，有點引申前小說的意味。有人評論說《鏡子》具有魔幻色彩。這些我都不以為然。我倒覺得《鏡子》並不難讀懂。它總共寫了兩段，前一段寫「發現」：用第三人稱，寫羅麗美發現自己還有另一個自己，且鏡裡的與鏡外的不同；後一段寫「迷失」：用第一人稱，寫羅麗美因發現鏡裡的人而迷失了自我。——從發現到迷失，通過主客體的轉換，激發了一個亦真亦幻的世界。不知道為什麼，我在閱讀這篇小說的時候，引起了莊周夢蝶的聯想。現實世界與心靈世界，哪個更接近於生命的本真？這是個很大的人生主題：兩千多年前莊子提出了，兩千多年後朵拉也提出了。只不過，莊周用的是一隻野外的蝴蝶，朵拉用的是人行道上的一面鏡子。

朵拉寫了很多構思精巧、回味無窮的短篇和微型小說。小說有愛情話題的，有女性話題的，或兩者都有的。女性話題的小說，朵拉寫得理智內省，有自審意識。她在小說中脫離自己的性別立場，對女人在家庭（社會）中的地位、角色和她們以愛為名的行為做出闡析，揭示了女性的弱點。如《魅力香水》書中的〈加了檸檬汁的木瓜〉裡女人溫柔的控制，〈變心的味道〉富家女的專橫等。朵拉對這類女性傾注了同情和憐憫，她們被自我矇住了眼睛，把愛擴張化了，傷害了對方也傷害了自己。同樣，朵拉寫愛情話題小說也充滿了冷靜的觀察，提出了屬於女性自身的問題。如〈愛情咖啡館〉寫一個女人的感情歷程，對於當代人的愛情挫折提出疑問，對於純真的初戀發出了呼喚。朵拉的小說在探討兩性關係方面，做出了不凡的貢獻：她不僅僅寫愛情，而且寫出躲藏在愛情背後的人性；她不僅僅寫兩性關係，而且寫出他們的社會屬性。她的愛情小說，對於這個過度物質化、人際關係表面化，以及情感的虛幻性、多重性和多變性，提出了一組獨特的敘述模式。她以一個女人特有的敏感和細膩，寫出了許多女人共同經歷過的迷茫、惶恐、憂傷和苦難。她並不簡單把女人的不幸歸結為男人的不忠和社會的不公，而是提出女性自身的局限性和劣根性，從而為她的小說找到了價值導向。在有些小說裡，朵拉的男主人公多情而善良，朵拉的女主人公敏感而易傷。他們同時都是脆弱的，經不起事件的挫折和考驗，耐不住時間的磨洗和消融。有時候傷心得沒有話語，有時候幽默得讓你掉淚，有時候啼笑皆非，莫衷一是。這些小說並沒有明顯的地域印記，也沒有非常經典的故事傳頌，卻是帶有普遍性的當代特徵。它們就發生在你我之間，所以讀起來感同身受，真實、幽怨、彷徨、悲戚。朵拉給小說的人物傾注了悲憫情懷，她沒有明顯立場，她只提供線索，刻劃一兩個人，讓你去追憶和緬懷，讓你難以忘懷。

朵拉的散文寫作有相當優勢的畫家審美，比如她在〈和春天有約〉中以畫家的敏感和女性的細膩寫了眾多的花。那些花在她的生命中掀起了溫柔的波濤，給她以愛的滋養和美的音樂。〈家中兩朵蓮〉文中朵拉寫道：「我家裡有兩個孩子，最大的孩子是女兒，最小的孩子也是女兒。」她把女兒當花兒，也把花兒當女兒，可見她對花的用情至深。愛花的朵拉同樣也喜愛大自然的美景，日照東山，月沉西海，風晨雨夕，湖光山色，都在她心中留下永恆的一幕。朵拉她用純淨的筆觸、靈動的心意抒寫它們，給人以美的呈現和愉悅。這種散文繼承了中國傳統散文的精粹、婉約和美感，有詩情畫意，也有生活禪味。既是作家又是畫家的朵拉，在這種文字裡找到了詩人的感覺，也找到給她身心以滋養的力量源泉。朵拉從大自然中汲取能量，從花草樹木中汲取愛情，從偶然性的心靈契會中尋找靈感。她對花草有心，花草對她有意。在散文中，朵拉也像一朵佳卉：美麗奔放，情趣盎然，個性突顯，卓然不群。她同時可以穿插在許多事件之中，生活在多種意識層次裡，以開放心態進行寫作，寫出了大量美文佳構。

仔細追尋朵拉文學創作的履歷，也許會找到她苦心經營的奮鬥痕跡。朵拉的先生小黑是馬華著名作家，朵拉在嫁給小黑之後，可能在多年時間裡，都籠罩在小黑的影子之下。一個女人與一個男人相愛，他們組成了家庭，經歷「獨立—融合—分化」過程，有時會很容易會迷失自我。在一個男性為主體的社會裡，女人往往成為「男人的女人」。有的女人可能以此為榮，相夫教子，操持家事，從而放棄了最初的追求；有的女人可能靠在樹下，享受男人的遮掩和呵護，最後變成有依賴性的人；最後有很少的女人，她們像舒婷〈致橡樹〉詩裡寫的：不做攀枝的凌霄花，要做一棵木棉樹，以樹的形象跟他站在一起。朵拉當屬於最後這類女人。朵拉婚後沒有放棄她的事業。朵拉奮力走出先生的影子。無論是作為妻子的朵拉還是作為作家的朵拉，她在長達多年的跋涉中，終於走出了自己的一條路。這可以從她的事業發展和寫作風格上獲得驗證。去年朵拉夫婦到莆田，我跟她說，晚上我帶小黑玩，你不許跟。朵拉把頭一晃，聳了聳肩膀說，他愛去哪去，我才不跟呢！雲里風先生說，過去人家說，這是小黑的太太朵拉；現在人家也可能介紹，這是朵拉的先生小黑，你說誰跟誰呀？一夥人聽了大笑。

朵拉私下裡跟我說，過去有人說她靠小黑發文章，她就是要爭口氣，往外面找路子。我在她那篇新穎的〈唱片日子〉裡，看到一位不甘心做家庭婦女的女人的心聲。小說通過「流水帳記錄」表現一種精神反抗——「我不要再做一張唱片」。朵拉在這句話後面沒有加感嘆號，也沒有加句號，好像一張唱片轉到這邊，自然發出的一個聲音：「我不要再做一張唱片。」唱片後面沒有了，後面又有了，後面進入另一個循環，後面還有無數個循環。無數的朵拉轉到這裡的時候，都喊出一聲「我不要再做一張唱片」，可是她們做得到嗎？

朵拉她做到了嗎？

對於當代生活的反思，對於理想世界的嚮往，誰的心裡沒有過這種反抗的聲音出現？然而，誰能做到始終如一、堅持不懈、自強不息呢？像唱片一樣的日子，哪個女人不都在過，可是只有朵拉不想過。朵拉長得很美，但並非美女作家，她無心邀寵。亦不想倚仗別人，包括她的先生。她沒有走捷徑，她也不事張揚。她只是個本份女子，出身於馬來西亞檳城，最初接受華文教育，在多元文化裡成長，長期居住在一個無名小鎮。她靠寫作生活，也靠作品說話。一個女子，在一個以異族為強勢的國度，要實現自我和超越自我，她所做出的努力有多少？她所經歷的磨難有多少？誰知道呢。

我曾與兩個朋友一道，坐在福州江邊草地上，與作家朵拉閒聊。當晚月華微露，燈火初照，和風輕拂。朵拉給我的感覺是自然、親切而隨和，是真實的、可以感觸的，可以溝通的，可以對話甚至爭辯的。朵拉她聽人說話時，一般面帶微笑，抿住嘴巴、微瞇著眼睛看你，不時朝你點頭稱是；當她聽到某種話時，臉顯錯愕之色，嘴巴張開成圓形，發出「哦、哦」叫聲。這個經典式表情是表示肯定呢，還是另有懷疑和保留，朵拉她帶著一副天真表情，使你再也不多說什麼。

朵拉也是一位畫家，她寫小說寫專欄，開畫展把畫掛出去，讓文學圈的朋友羨慕，也讓美術界的朋友驚訝。跑步、運動、養花、養狗、喝茶，跟家人一起度過週末，做喜歡吃的食物，購買他們的衣服等；可她還有一個人的生活，她有時喜歡獨自漫步，走到山前水邊，觀看野花遍地，落霞滿天。她對於繪畫的癡迷有時可能超過文學，她喜歡色彩語言超過文字語言。她曾用七年時間對馬來西亞三十四位畫家做了專訪，寫出一本厚厚的書，推介那些在藝術領域默默耕耘的人，評點他們的藝術和人生。她是一個熱心腸的人，對朋友忠誠而肝膽。她有一雙女兒，對待孩子像朋友一樣，一家人沉浸在藝術氣氛裡。我相信朵拉她生活幸福。我喜歡看到朵拉那些精短、純粹、智慧的文字，期待看到朵拉更長、更複雜的小說。以朵拉的才華和閱歷，她如果集中力量，是完全可以超越自我的。

*黃明安，福建省莆田市人。供職於莆田市文聯。福建省作家協會會員。作品散見於大陸《文藝報》、《新民晚報》、《南方日報》、台灣《中華日報》和福建省《福建文學》、《福建日報》、《福建文藝家》、《福建鄉土》等報紙刊物。小說、報告文學入選多部省級作協編輯叢書，散文入選《讀者》和《福建文藝創作六十年選》等。散文集《默想與溫柔》獲福建省第十八屆優秀作品獎。

釀文學45　PE0019

小說吃・情意茶

——朵拉談吃

作　　者　　朵　拉
責任編輯　　黃姣潔
圖文排版　　蔡瑋中
封面設計　　王嵩賀

出版策劃　　釀出版
製作發行　　秀威資訊科技股份有限公司
　　　　　　114 台北市內湖區瑞光路76巷65號1樓
　　　　　　電話：+886-2-2796-3638　傳真：+886-2-2796-1377
　　　　　　服務信箱：service@showwe.com.tw
　　　　　　http://www.showwe.com.tw
郵政劃撥　　19563868　戶名：秀威資訊科技股份有限公司
展售門市　　國家書店【松江門市】
　　　　　　104 台北市中山區松江路209號1樓
　　　　　　電話：+886-2-2518-0207　傳真：+886-2-2518-0778
網路訂購　　秀威網路書店：http://www.bodbooks.com.tw
　　　　　　國家網路書店：http://www.govbooks.com.tw
法律顧問　　毛國樑　律師
總 經 銷　　聯合發行股份有限公司
　　　　　　231新北市新店區寶橋路235巷6弄6號4F
　　　　　　電話：+886-2-2917-8022　傳真：+886-2-2915-6275

出版日期　　2011年12月　BOD一版
定　　價　　280元

Printed in Taiwan

國家圖書館出版品預行編目

小說吃.情意茶：朵拉談吃 / 朵拉作. -- 一版. -- 臺北市：釀出版, 2011.12
面；　公分. --（釀文學；PE0019）
BOD版
ISBN　978-986-6095-53-5（平裝）

1.飲食　2.文集

427.07　　100018743

讀者回函卡

感謝您購買本書，為提升服務品質，請填妥以下資料，將讀者回函卡直接寄回或傳真本公司，收到您的寶貴意見後，我們會收藏記錄及檢討，謝謝！

如您需要了解本公司最新出版書目、購書優惠或企劃活動，歡迎您上網查詢或下載相關資料：http:// www.showwe.com.tw

您購買的書名：________________________

出生日期：________年________月________日

學歷：□高中（含）以下　□大專　□研究所（含）以上

職業：□製造業　□金融業　□資訊業　□軍警　□傳播業　□自由業

□服務業　□公務員　□教職　□學生　□家管　□其它_____

購書地點：□網路書店　□實體書店　□書展　□郵購　□贈閱　□其他

您從何得知本書的消息？

□網路書店　□實體書店　□網路搜尋　□電子報　□書訊　□雜誌

□傳播媒體　□親友推薦　□網站推薦　□部落格　□其他__________

您對本書的評價：（請填代號　1.非常滿意　2.滿意　3.尚可　4.再改進）

封面設計____　版面編排____　內容____　文／譯筆____　價格____

讀完書後您覺得：

□很有收穫　□有收穫　□收穫不多　□沒收穫

對我們的建議：________________________

____

____

____

請貼
郵票

11466
台北市內湖區瑞光路 76 巷 65 號 1 樓

秀威資訊科技股份有限公司 收

BOD 數位出版事業部

....

（請沿線對折寄回，謝謝！）

姓　　名：____________　年齡：________　性別：□女　□男

郵遞區號：□□□□□

地　　址：________________________________

聯絡電話：(日) ______________ (夜) ______________

E-mail：________________________________